Schutz der Natur und des Lebens

Djamshid Hossein Pour

Schutz der Natur und des Lebens

Eine Wanderschaft von Iran nach Deutschland und in die Welt

Für Suri, Kian
und Eure Generation

Impressum

Bibliografische Informationen der Deutschen Nationalbibliothek
Die Deutsche Nationalbibliothek verzeichnet diese Publikation in der Deutschen Nationalbibliografie; detaillierte bibliografische Daten sind im Internet über http://dnb.d-nb.de abrufbar.

ISBN: 978-3-95894-306-3 (Print)

Inhalt

Vorwort

Im Zentrum dieser Erinnerungen steht das Leben. Leben – was ist das für ein großer, gewaltiger, faszinierender Begriff! Wenn ich von Leben spreche, so denke ich dabei zunächst an seine möglichst umfassende Bedeutung, an das Leben der Natur und des Menschen, an den ununterbrochenen Kreislauf von Werden und Vergehen, von Geborenwerden und Sterben, dessen alleinige Konstante der Wandel ist. Ich sehe, dass dieses Leben der Natur mit dem aller Lebewesen in großer Gefahr steht, zugunsten vordergründiger Vorteile des Menschen irreparablen Schaden zu nehmen: Der Konsum samt dem damit verbundenen Verbrauch der natürlichen Ressourcen unter der Herrschaft des Geldes scheint immer zügelloser zu werden. Diese Sorge treibt mich mehr und mehr um und je älter ich werde, je mehr ich die Rücksichtslosigkeit der Menschheit beobachte, desto weniger kann ich mich von ihr distanzieren.

Beim Thema Leben denke ich natürlich auch an mein eigenes. Auch wenn es im Blick auf das Ganze klein und unbedeutend wirkt, so ist es dennoch mein Leben, das ich als Individuum versucht habe möglichst bewusst zu gestalten. Mein Leben bewegte sich zwischen Orient und Okzident. Als Naturwissenschaftler – und hier hängen beide Dimensionen wieder zusammen – öffnet sich mir zugleich der Blick für das gesamte Leben wie auch die Bedingungen, unter denen es sich heute entfalten kann, und ich mache mir meine Gedanken über die Entwicklungen der vergangenen Jahrzehnte. Hinzu kommt, dass ich als gebürtiger Iraner, der seit Jahrzehnten in Deutschland lebt und mittlerweile auch deutscher Staatsbürger ist, Erfahrungen mit und ein Wissen von zwei verschiedenen Kulturen habe, was ich als Bereicherung betrachte und in diesem Buch in der gebotenen Kürze entfalten möchte. So handeln diese Erinnerungen nicht nur von meiner Sorge um Mensch und Natur. Zugleich sind sie die Erzählung meines Lebens, mit der ich Rechenschaft ablege über bedeutende Ereignisse, prägende Begegnungen wie auch Erfahrungen und Erkenntnisse, die ich aus meinen Begegnungen und den Ereignissen gewonnen habe. Ich erzähle also die Geschichte des Weges, den ich gegangen bin. Er war steinig und steil wie beim Bergsteigen, ein ständiges Auf und Ab, verbunden mit den Gefühlen der Verzweiflung und des Triumphes. Versuch, Irrtum und Neubeginn waren meine ständigen Begleiter. Mit Zielorientierung, Selbstvertrauen, Geduld und Beharrlichkeit habe ich versucht gesellschaftliche, kulturelle und ökonomische Herausforderungen zu meistern – und dabei stets mehr die Chancen als die Risiken zu sehen.

Dieser Weg verlief also zwischen Orient und Okzident. Deshalb ist es mir ganz entscheidend wichtig, eine Brücke zwischen diesen Welten zu schlagen, um die Missverständnisse, ja mitunter die Sprachlosigkeit zwischen Abendland und Morgenland aufzubrechen. Für mich war die Naturwissenschaft und speziell die Umweltwissenschaft diese Brücke, die die beiden Welten miteinander verbindet und die noch mehr Menschen überschreiten sollten. Vielleicht gelingt es mir damit, Gedankenanstöße zu geben, wie wir den Herausforderungen der Zukunft gemeinsam begegnen können. Denn das entscheidende Ziel, das sich die Menschheit setzen muss, besteht in nichts weniger als darin, eine ökologisch nachhaltige Gemeinschaft zu werden, und hierbei sollten uns kulturelle Unterschiede nicht als Barrieren im Wege stehen.

Meine Lehrmeister waren nicht nur weltoffene Menschen, die mir als Vorbild dienten, sondern auch die Natur- und

Umweltwissenschaft. Ich habe gelernt, dass es keinen Ausweg gibt aus der Verantwortlichkeit gegenüber dem Menschsein und der Natur, die wir über alle Kulturen und Zeiten hinweg teilen. Zu dieser Verantwortlichkeit gehört die Fähigkeit, sich Wissen und Werte anzueignen und danach zu handeln. Denn die Entwicklung jedes Einzelnen und der gesamten Menschheit ruht auf drei Säulen: der Bildung, der inneren Haltung und der äußeren Tat, symbolisiert von den drei Körperteilen Kopf, Herz und Hand. Es ist unsere Aufgabe, mit Kopf, Herz und Hand ein Bewusstsein dafür zu schaffen, dass wir nur diese eine Welt haben, und daraus angemessene Handlungen abzuleiten. Diese eine Welt braucht verbindliche und verbindende Normen, Werte, Ideale und Ziele, individuell und kollektiv. Auf diesem Weg können wir von dem Vorbild der Natur lernen. Die Natur ist eine schier unbegrenzte Bibliothek des Wissens, aus der der Mensch immer noch zu wenig erfasst hat. Die Natur ist inklusiv. Sie ist nicht in Nationen aufgeteilt und besitzt keine Ideologie. Sie kennt keine Grenzen und hat keine Mauern. Sie ist lebendig, dynamisch und nachhaltig.

Es muss zu einem neuen Verhältnis zwischen Mensch und Natur kommen, gerade jetzt, wo beide mehr denn je so schicksalhaft miteinander verknüpft sind. Beide, Menschheit wie die sie umgebende Natur, sind lebendige Systeme in ständigem Wandel. Deshalb sollten Natur- und Geisteswissenschaften transdisziplinär eine Partnerschaft eingehen, Ähnlichkeiten von Prozessen in Natur und Gesellschaft erkennen und zu systemischem Handeln anleiten. Dazu gehört insbesondere, Naturwissenschaft und Ökologie noch stärker miteinander zu verbinden, als dies bislang der Fall ist. Kooperation und Wissensaustausch sind von entscheidender Bedeutung, um notwendige ökologische Erkenntnisse zusammenzutragen, die es uns ermöglichen, weniger Schaden anzurichten und unsere Existenz in einer Nische des Weltalls nachhaltig und damit zukunftsfähig zu sichern.

Hinter diesen Erinnerungen steht der Wunsch, meine Gedanken und Erfahrungen aus mittlerweile mehr als sieben Jahrzehnten ebenso unserer jungen Generation wie auch den Älteren, insbesondere auch aus anderen Kulturen, zu vermitteln. Vielleicht gelingt es mir sogar, mit Zeitgenossen jedweder Herkunft über gesellschaftliche Teilhabe für gewaltfreies Leben ohne Ausgrenzung und Zerstörung der Natur ins Gespräch zu kommen. Ich hoffe, dass ich damit einen kleinen Beitrag zu einer friedlichen und nachhaltigen Zukunft leisten kann.

Stahnsdorf bei Berlin im Juli 2024

Eins: Die Welt des Iran – meine Kindheit und Jugend

Ein sonniger Tag zwischen Weihnachten und Neujahr in San Diego, Kalifornien. Die Temperatur lag bei achtzehn Grad Celsius, für die Jahreszeit ausgesprochen angenehm. Nach einem Spaziergang in La Jolla Village mit seinen Geschäften, Restaurants, Boutiquen und Galerien ging ich am frühen Nachmittag zum Felsstrand, wo zahlreiche Touristen aus der ganzen Welt unterwegs waren. Die dort lebenden Seelöwen sind eine Attraktion und an Menschen so gewöhnt, dass sie sich nicht gestört fühlen. Dennoch warnt ein Schild die Touristen, ihnen nicht zu nahe zu kommen, da sie beißen könnten. Um eine kurze Pause zu machen, setzte ich mich auf einen Felsen und schaute dem Treiben der Menschen und der Seelöwen zu, im Hintergrund der Ozean. Die leichte Brise, die Sonne, das Geräusch der Wellen und der weite Blick übers Meer beruhigten mich. Auf einmal hörte ich hinter mir eine Frau in Farsi, der Sprache des Iran, zu ihrem Mann sagen: „Mach bitte die Fotos von unten, damit ich größer aussehe." Es war ein vertrauter Klang und als ich mich umdrehte, sah ich eine Frau mit blond gefärbten Haaren, die für die Aufnahmen gekonnt posierte. Wieder blickte ich auf das Wasser mit seiner unendlichen Weite und wurde nachdenklich. Vor mir Westen, hinter mir Osten und ich dazwischen. Vorne Westen, Okzident, hinter mir Osten, Orient, meine Herkunft. Es war ein Sinnbild meines Lebens. Was für ein Zufall, in genau diesem Moment, an genau diesem Ort.

Seit über fünfzig Jahren lebe ich in Deutschland, im westlichen Teil des Landes. Meine Tochter Nassim wurde in Berlin geboren, meine Enkelin Suri in New York und mein Enkel Kian wie seine Mutter in Berlin. Nachdem ich vor Kurzem einiges über den Iran und die iranische Geschichte erzählt hatte, fragte mich meine Enkelin unvermittelt: „Opi, warum bist du hier und nicht im Iran, du bist doch Iraner?“ Ich versuchte mich kurz zu fassen und sagte, ich sei wegen des Studiums nach Deutschland gekommen. „Und dann habe ich deine Omi kennengelernt.“

Diese Frage bewegt mich schon lange und sie wird mich auch weiterhin bewegen. Vor allem im fortgeschrittenen Alter beschäftige ich mich damit, woher ich komme, wer ich bin und wohin ich gehe. Inwiefern bin ich Iraner und inwiefern Deutscher? Wie viel bin ich Orient und wie viel Okzident?

Um meine Leserinnen und Leser daran teilhaben zu lassen, hole ich nun ein wenig aus und reflektiere über die Welt, aus der ich stamme.

Mein Elternhaus

1946 bin ich als erstes Kind einer mittelständischen und traditionellen Familie in Teheran geboren worden, die weder zum reichen noch zum armen Teil der Gesellschaft gehörte. Im Iran war und ist es bis heute sehr wichtig, welche Herkunft man hat. Der Beruf, der persönliche wie auch familiäre Hintergrund und das Geld waren schon Mitte des 20. Jahrhunderts bedeutsam – und sind es bis heute. Insofern blieb mir allein aufgrund meiner Geburt der Zugang zur höheren

Gesellschaft verwehrt und es sollten im Laufe meines Lebens Momente eintreten, in denen mir dieser Umstand schmerzlich bewusst wurde.

Meinen Vater kann ich als eine Art Selfmademan charakterisieren. Sein Vater war sehr früh gestorben und er wuchs bei seinem Onkel auf, einem Militär, der sehr streng mit ihm umging. Dessen erste Frau, die keine eigenen Kinder hatte, verhielt sich sehr liebevoll ihm gegenüber. Er ging zur Schule und musste zudem sowohl im Haus des Onkels als auch außerhalb viel arbeiten. Trotzdem schaffte er einen Schulabschluss. Für seine Verhältnisse als Halbwaisenkind war dies eine große Leistung. Die Mutter meines Vaters lebte in Täbris im Nordwesten des Iran in zweiter Ehe. Die Frage, warum sie ihn nicht zu sich genommen habe, war in unserer Familie tabu.

Als mein Vater achtzehn oder neunzehn Jahre alt war, zog der Onkel mit seiner Familie nach Teheran. Er ließ sich bald scheiden und heiratete eine andere Frau, weil die erste keine Kinder bekommen hatte. Mein Vater, ein groß gewachsener, gepflegter Mann, erzählte mir nicht, welche Jobs er im Laufe der Zeit annahm. Vermutlich auch aufgrund seines Äußeren arbeitete er, wenigstens solange ich zurückdenken kann, bei Iran-Tour, der ersten internationalen Reiseagentur im Iran, die weltweit Reisen vermittelte. Später, als die Fluggesellschaft Iran Air geschaffen werden sollte, suchte man Leute, die Erfahrung mit internationalen Reisen und im Umgang mit Menschen hatten. Die ersten Flugzeuge dieser Gesellschaft stellte ein Privatmann, später wurden sie alle verstaatlicht. Mein Vater gehörte nach der Heirat mit meiner Mutter, in den Jahren nach meiner Geburt also, zu den Pionieren, die Iran Air von den ersten Anfängen an aufgebaut haben. Mit seinem Beruf identifizierte er sich und durchlief verschiedene Karrierestufen, bis es an einem gewissen Punkt nicht mehr weiterging, da man für einen Spitzenposten aus einer privilegierten Familie stammen musste. Meine Mutter machte es nicht glücklich, dass er nicht weiter aufgestiegen ist, denn Karriere bedeutete natürlich auch, mehr Geld zu verdienen. Er genoss jedoch hohes Ansehen bei Iran Air, weil alle wussten, dass er einer der Ersten war. Zudem galt er auch als sehr offener Mensch, der zuvorkommend gegenüber den Mitarbeitern war. Als er mich einmal zum Flughafen mitnahm, kam der Chef der Fluggesellschaft auf uns zu und sprach meinen Vater mit Vornamen an. Man kannte und mochte ihn einfach, er hatte einen guten Namen. An seinem Begräbnis in den Achtzigerjahren nahmen Hunderte Menschen von National Iran Air teil, wie die Fluggesellschaft hieß.

Der Beruf meines Vaters war entscheidend für meine eigene Entwicklung. Als Kind durfte ich ihn manchmal an seinen Arbeitsplatz begleiten. Das Gebäude beeindruckte mich sehr, dieser Flughafen war sehr modern, es gab ein schönes Restaurant und die Menschen, die zu jener Zeit flogen, gehörten zu den Wohlhabenden. Armen Leuten war dieses Vergnügen nicht vergönnt. Nach den Erzählungen meines Vaters aus späterer Zeit muss ich damals ziemlich neugierig gewesen sein. Auf meine entsprechende Frage hin sprach er darüber, dass die besten Gehälter die Piloten bekamen, weil sie im Flugbetrieb die entscheidenden Personen sind, ja die ganze Fluggesellschaft nicht ohne Piloten funktioniert. Deshalb erschien mir die Pilotenlaufbahn sehr reizvoll, denn die Piloten sahen alle gut aus in ihren Uniformen. Die Atmosphäre am Arbeitsplatz meines Vaters war für mich immer ein positives Erlebnis. Ich lernte dort einflussreiche Menschen kennen und mein Vater ließ mich spüren, dass er seinen Beruf liebte.

Als erstes Enkelkind und vor allem als erster Enkelsohn bekam ich von meinen beiden Großeltern mütterlicherseits viel Liebe und Anerkennung. Wenn wir im Sommer bei ihnen auf dem Land waren, nahm mich mein Großvater auf dem Pferd auf seinen Schoß und zeigte mir voller Stolz sein Land.

Eine typisch persische Familie, wie wir sie damals waren, vollzieht regelmäßig bestimmte Rituale und ist auch an der Art erkennbar, wie sie redet. Als typisch persisch gilt weiter, dass die Tür immer offen steht, damit stets Gäste spontan hereinkommen können. Man brauchte nicht vorher anzurufen, Verwandte, Nachbarn, Freunde waren jederzeit willkommen. Umgekehrt kam es nicht gut an, wenn jemand im wahrsten Sinne des Wortes verschlossen war. Je mehr Gäste man empfing, desto höher das Ansehen. Typisch persisch war und ist auch das Neujahrsfest Nowruz im März. Was die Innengestaltung der Häuser angeht, so saßen wir früher beim Essen alle auf dem Boden. Später, als es uns besser ging, versammelten wir uns an einem Esstisch. Das war schon eine moderne Einrichtung. Wir hatten ein Wohnzimmer und ein sehr schickes Gästezimmer. Typisch persisch ist auch, dass in jedem Zimmer ein echter Perserteppich in hoher Qualität lag. Auch daran zeigt sich Reichtum oder Armut. Deswegen befand sich im kaum genutzten Gästezimmer der schönste Teppich und im Wohnzimmer ein, sagen wir, gewöhnlicher. Teppiche waren Statussymbole ebenso wie das Aussehen des Hauses. Im typischen Haus eines Iraners schwammen zur Zeit meiner Jugend in der Mitte des Hofes Fische in einem Wasserbecken, darum herum standen farbenfrohe Blumen. An den Wänden wuchsen wunderschöne Rosen und andere Blumen, je nachdem wie groß der Hof war. Obwohl unser

Hof eher bescheidene Ausmaße hatte, brauchten wir uns mit dem Haus nicht zu verstecken.

Unsere Lebensumstände, das Viertel, in dem wir wohnten, das Haus und der Beruf des Vaters vermittelten mir ein gutes Selbstbewusstsein, das empfinde ich als wesentlich für mein späteres Leben. Umgekehrt quälten mich oft Albträume, dass mein Vater sterben könnte und wir alle mit gar nichts dastehen würden. Weil meine Mutter mich daran auch noch erinnerte, empfand ich die Verpflichtung, Verantwortung zu übernehmen und reifer aufzutreten, als es meinem Alter eigentlich entsprach, das war schon ein gewisser Druck, der auf mir lastete.

Wenn ich uns mit den Nachbarn und mit den Verwandten verglich, ging es uns nicht schlecht: Wir lebten in einem traditionellen mittelständischen Umfeld, nicht ganz im Süden Teherans, nicht ganz im Norden am Fuße der Berge, in der damaligen Zeit fast in der Mitte. Diese Mitte war entscheidend. In unserer Straße hatte ich auch einige Freunde, deren Familien anders als wir zur Miete wohnten. Dass meine Mutter und meine Großmutter darauf achteten und abwertend darüber redeten, wusste ich.

Im Nachhinein erkenne ich, wie sehr es mein ganzes weiteres Leben geprägt hat, dass meine erste Bezugsperson mein Vater war, er war mein Ein und Alles, ich vergötterte ihn als Kind. Zudem besaß er auch viele gute Eigenschaften, er war für iranische Verhältnisse liberal und ein zärtlicher, liebenswürdiger Mann. Meine Mutter mochte nicht, dass er so gutmütig gegenüber uns Kindern auftrat. Sie sagte, wir müssten vor ihm Angst haben. Als erster Sohn der Familie trug ich nicht nur wie erwähnt Verantwortung, sondern genoss auch gewisse Privilegien. Meine Mutter hatte einige Probleme mit der Verwandtschaft, mit der Frau des Onkels, was im Iran wie auch anderswo sicher nichts Außergewöhnliches war und ist. Aber im Iran mit den engen Verwandtschaftsverhältnissen herrschen manchmal latente, manchmal offene, aber in jedem Fall starke Konkurrenzkämpfe untereinander. So sagte mein Vater sehr stolz, dass ich gut in der Schule sei, während mein Cousin nicht gut war. Trotz meiner Freundschaft mit ihm war es für den sozialen Status entscheidend, ob die Kinder auch gute Schulleistungen brachten, vor allem für meinen Vater. Viele andere Väter in unserem Umfeld sagten stattdessen: „Warum musst du studieren? Du kannst auch auf den Basar gehen und Geld verdienen." Das war damals so üblich. Die Basaris galten als reiche Kaufleute und viele Jungen sind nach der Schule tatsächlich auf den Basar gegangen, um den Kaufmannsberuf zu erlernen. Für meinen Vater war das nicht entscheidend, ihm ging es vielmehr um Bildung. So wollte oder sollte ich nach der vierten Klasse in den Sommerschulferien Englisch lernen. Im Iran und auch in meinem gesamten Umfeld war dies damals nicht üblich, aber ein Freund meines Vaters, ein Armenier, war Englischlehrer und arbeitete ebenfalls bei der iranischen Fluggesellschaft. Mein Vater sagte, der Junge ist gut in der Schule und fleißig, woraufhin der Freund anbot: „Dann schick ihn zu mir, er kann bei mir Englisch lernen." In seiner Anwesenheit fühlte ich mich wohl und lernte ein bisschen Englisch, einfaches Schulenglisch. Vor allem der Beruf meines Vaters war für mich als Schulkind unbewusst eine Motivation, auch zum Englischlernen. Im Wissen, dass mein Vater sogar als Halbwaisenkind in seinem Leben etwas erreicht hatte, machte ich mir klar, auch du kannst etwas erreichen.

Ein Punkt störte mich aber doch. Manchmal kamen aus dem Dorf meiner Großeltern mütterlicherseits Leute nach Teheran, die schlecht, wirklich schlecht angezogen waren und auch insgesamt ärmlich wirkten. Für mich als Kind hatte es immer eine große Bedeutung, ob man gute Kleidung trug oder nicht. Vielleicht rührte dies von der Vorbildfunktion meines Vaters her. Diese Leute kamen also aus ihrer Armut zu uns, sie wollten zum Arzt gehen oder etwas anderes erledigen und da mein Vater auch ein sozialer Mensch war, half er ihnen und ließ sie eine Woche bei uns übernachten. Dabei schämte ich mich vor den Nachbarn, dass sie bei uns ein- und ausgingen. Wenn ich Stadt und Land miteinander vergleiche, empfand ich die Stadt als Symbol für Entwicklung und Fortschritt, während das Land für religiöse Tradition und Unterentwicklung stand. Diese ländliche Atmosphäre gefiel mir schon damals gar nicht. Obwohl meine Großmutter sagte, du verhältst dich nicht gut gegenüber den Landbewohnern, und meine Mutter mich aufforderte, den Bauern die Stadt Teheran zu zeigen, konnte ich mich nicht dazu durchringen und antwortete, dass ich mich schämte, mit den Leuten auf die Straße zu gehen. Damals war ich vielleicht zehn oder elf Jahre alt. Dieses Ringen zwischen Tradition und Moderne sollte mich zeit meines Lebens begleiten. Bereits in meiner Kindheit und frühen Jugend stand ich also im Konflikt zwischen der bäuerlichen und neu entstandenen städtischen Kultur oder anders ausgedrückt zwischen der traditionellen und modernen Lebensweise. Diesen Konflikt empfand ich als unangenehm, weil ich damit die Komfortzone der Tradition verließ. All das lief überwiegend unbewusst ab, aber es war ein Drang in mir, mich mit etwas Neuem zu befassen. Diese Einstellung hat mich immer begleitet. Sowohl im Denken als auch im Handeln in Bewegung zu bleiben gehörte also seit frühester Zeit zu meinen Maximen.

Meine Mutter war die älteste Tochter meiner Großeltern und ich war wiederum ihr erstes Kind, das sie mit achtzehn Jahren zur Welt gebracht hatte. In der persischen Tradition wird es höher bewertet, wenn das erste Kind ein Sohn ist. Darüber empfanden meine Eltern großes Glück. Bald folgten weitere Kinder, schließlich waren wir acht Geschwister, zwei weitere starben sehr früh. Mit uns hatte meine Mutter alle Hände voll zu tun, was sie bisweilen überforderte. Aber dies war eben die Rolle, die die iranische Gesellschaft den Frauen zudachte und die auch meine Mutter annehmen musste. Zu Hause fiel stets sehr viel Arbeit an, die sie zusammen mit ihrer Schwiegermutter erledigte. Damals gab es noch keine Waschmaschinen und regelmäßig die Wäsche von elf Personen von Hand zu waschen ist eine Herausforderung, die wir heute nicht mehr kennen. Später kam einmal in der Woche eine Waschfrau und half meiner Mutter. In ihrer Art war sie eine sehr liebe Mutter, die alles tat, was man von einer Mutter erwartet. Nach und nach bekam ich mit, dass sie nicht glücklich mit ihrer Situation war, einmal wegen ihrer herrischen Schwiegermutter, die ständig versuchte ihr ihren Willen aufzuzwingen, aber auch weil mein Vater meine Mutter in Auseinandersetzungen häufig nicht unterstützte. Im Iran durfte man weder Mutter noch Vater widersprechen, auch wenn sie etwas Schlechtes taten. Meine Mutter fragte mich später, warum mein Vater nicht zu seiner Mutter sage, sie dürfe sich so nicht verhalten, sie dürfe nicht so mit uns umgehen, sie dürfe dies oder jenes nicht. Aber mein Vater hatte, ich weiß nicht, ob das religiös bedingt war, stets eine gewisse Angst, seine Mutter zu verletzen. Die Großmutter nutzte diese Situation voll aus und erzählte immer wieder religiöse Geschichten, eine lautete etwa so: Der Prophet Mohammed ging zu einem Grab und sagte, es brenne ewig. Auf die Frage, was der dort beerdigte Mensch getan habe, antwortete er, dieser Verstorbene habe seine Mutter missachtet und deswegen die Strafe des ewigen Feuers verdient. Trotz der Boshaftigkeit der Schwiegermutter gegenüber meiner Mutter kritisierte mein Vater sie nie. Das war für meine Mutter sehr belastend. Außerdem wohnten wir nicht in einem Schloss, in dem jeder seine eigene ruhige Ecke für sich hatte, sondern alle saßen auf engem Raum zusammen. Meine Großmutter war eine der Ältesten innerhalb der Verwandtschaft und bekam immerfort Besuch von anderen älteren Leuten, die ein paar Tage bei uns blieben, und meine Mutter musste die Besucher auch bedienen und für sie kochen. Mein Vater war den ganzen Tag auf der Arbeit. Sie kam damit nicht zurecht und weinte schnell. Wenn der kleine Sohn merkt, dass die Mutter bedrückt ist, und nichts machen kann, keinen Einfluss hat auf die Situation, belastet ihn das natürlich selbst sehr stark. Ich liebte meine Mutter, ich wusste, dass sie alles für uns tat, und fühlte mich angesichts dessen ohnmächtig. Als wir älter wurden, sagte sie ein paar Mal, sie könne unseren Vater auch verlassen, weil er zu feige sei, die eigene Mutter zu kritisieren, aber sie werde das nicht tun. Dabei erinnerte sie uns an das Beispiel aus dem Märchen, in dem der Vater eine böse Frau heiratet, die dann alle Kinder hinauswirft. Wegen uns Kindern ertrage sie diese Situation. Es war für mich entscheidend, dass sie sich nur für uns aufopferte. Deswegen steht sie in meinen Augen bis heute für eine große Opferbereitschaft.

Meine Großmutter schuf also eine Atmosphäre, in der meiner Mutter viel zu oft der nötige Respekt vorenthalten wurde. Auf der anderen Seite besaß sie als einfache Frau selbst kein Gespür dafür, was man einem Kind erzählen sollte und was besser nicht. So beanspruchte sie mich stark für ihr Leiden. Mit niemandem anderen konnte ich darüber reden. Sie soll mit ihrem Vater darüber gesprochen haben, dass die Situation unerträglich sei, und mein Großvater soll ihr gesagt haben, gut, dann lass dich scheiden und komm wieder zu uns. Aber meine Mutter wollte uns Kinder nicht allein lassen, denn das hätte sie aufgrund der Rechtslage im Falle einer Scheidung tun müssen, und das wäre für sie noch viel schlimmer gewesen, als jeden Tag ihre giftige Schwiegermutter zu ertragen. Dass sie damit zu allem Übel noch erpressbar war, wusste meine Mutter natürlich. Deshalb war diese ganze Situation insgesamt zum Verzweifeln.

Mit den Geschwistern habe ich immer guten Kontakt gepflegt. Wir respektierten uns wie überall im Iran üblich gegenseitig und liebten uns, als Ältestem fehlte mir aber auch ein Bezug zu den Jüngeren. Ich sah sie aufwachsen und war dabei in gewisser Weise für sie verantwortlich, ich kaufte ihnen gelegentlich Bücher, half bei Schulaufgaben, aber es waren so viele Kinder, sieben Geschwister, und das war mir schon einfach zu viel. Diese Situation mit der Schwiegermutter und einer teilweise schwierigen Verwandtschaft führte dazu, dass ich mich als Heranwachsender fragte, wie ich mich retten kann. Ich musste irgendwie aus der Situation herauskommen, ich hielt das nicht aus.

Zwei Dinge bedeuteten mir bei all dem sehr viel, einmal waren das gute schulische Leistungen, ich brauchte Anerkennung und wenn ich sie bekam, gab sie mir Kraft. Und zum anderen musste ich hinaus, draußen Fußball spielen oder später in die Berge gehen. Das Bergsteigen war ein Weg, um Luft zu holen. Wie die anderen diese ganze Situation empfanden, kann ich nicht sagen. Es war mir klar, als Jugendlicher unbewusst, später auch bewusst, dass ich aus dieser Atmosphäre fliehen musste, ich wollte nicht eingeschränkt sein, ich suchte eine Tür, um einfach wegzukommen. Viele Leute sagten mir damals, der einzige Weg, um sich eine Perspektive zu gestalten und dieser entsetzlichen Situation zu entfliehen, ist Bildung, Bildung, Bildung. Wenn du ein guter Schüler bist und später Ingenieur oder Arzt wirst, dann kannst du dich befreien. Für mich war Bildung eine Art Befreiungskampf, weil ich keine anderen Möglichkeiten gehabt hätte. Wir waren nicht so reich, dass ich sagen konnte, mit dem Geld meines Vaters stehen mir Türen offen. Auf keinen Fall wollte ich mich auf die Verwandten verlassen, weil meine Mutter unter ihnen litt und ich auch deswegen eine gewisse Distanz zu ihnen hielt. Einige von ihnen mochte ich überhaupt nicht, aber das behielt ich wohlweislich für mich und erzählte nicht einmal meinem Vater davon.

Schulzeit

In der Zeit vor meiner Einschulung hatte mein Vater einen Mullah kennengelernt, der eine kleine religiöse Schule in der Moschee – Maktab nennt man eine solche Einrichtung – leitete, eine Art Vorschule, wie man heute sagt, aber keine Religionsschule im engeren Sinne. Dort führte man Kinder wie uns an das Lesen und Schreiben heran, ohne es uns im eigentlichen Sinne beizubringen, und erzählte uns Märchen. Bevor ich in die Grundschule kam, konnte ich also schon ein wenig lesen und schreiben. Das war für persische Verhältnisse nicht gewöhnlich. So war ich, wie auch später oft, anderen einen Schritt voraus. Als Schüler befasste ich mich in den Sommerferien meist schon mit dem nächsten Jahr. Ich war sehr ehrgeizig, ich wollte immer einer der Besten sein und zu ihnen gehörte ich unter uns dreißig Schülern auch. In der vierten Klasse brachte ich einmal eine sehr schlechte Note nach Hause und weinte deswegen ganz fürchterlich. Aber soweit ich mich erinnere, blieb es bei diesem einen Ausrutscher, denn ich hätte es als eine Katastrophe empfunden, in der Schule dauerhaft schlechte Leistungen zu bringen.

Zwei Schülergruppen genossen besonderes Ansehen, einmal waren das die Kinder von reichen Leuten. Im Iran war Geld immer wichtig, auch jetzt noch, es geht ständig ums Geld. Man fragt nicht, woher hast du das Geld, Hauptsache, du hast es. Die andere Gruppe waren die Schüler, die gute Leistungen brachten. Manchmal genoss ich es auch, dass ich bessere Noten sammelte als die verwöhnten reichen Kinder, das machte mich schon sehr zufrieden. Vom ersten Tag an wusste ich, ich muss gut in der Schule sein, und hatte, einmal abgesehen von jener einen schrecklichen Note, auch nie Probleme dort. Ab der fünften Klasse war ich Schulsprecher. Durch diese schulischen Leistungen wollte ich Anerkennung und ein gewisses Ansehen gewinnen, was mir über den Weg des Geldes meiner Eltern verwehrt blieb. Hierin sah ich schon früh meine einzige Rettung. Manche meiner Mitschüler stammten aus bekannten Familien, hatten Geld und wohnten in besseren Häusern, luden manchmal die Lehrer nach Hause ein und wurden dafür entsprechend besser behandelt. Ein solches Gebaren lag außerhalb unserer Möglichkeiten, aber ich genoss in der Schule wegen meiner Leistungen trotzdem immer ein gutes Ansehen. Die Grundschule fiel mir ganz leicht. In der vierten Klasse, als ich Englisch lernte, begann ich sogar ein wenig zu prahlen. Ab der fünften Grundschulklasse gab ich schlechteren Schülern Nachhilfe. Dabei ging es nicht ums Geldverdienen, sondern eher um eine Art Nachbarschaftshilfe und es zeigte eine gewisse Anerkennung, dass ich gefragt wurde, so etwa als die Mutter eines armenischen Jungen aus unserer Nachbarschaft deswegen auf mich zukam. Ihm half ich dann auch gerne. Es bestätigte mich, dass ich meinen Ehrgeiz in die Unterstützung anderer ummünzen konnte und darüber Wertschätzung erlangte. Das wiederum spornte mich weiter an und so hatte ich auch im Gymnasium von der siebten bis zur zwölften Klasse selten Probleme in einem Fach und erst recht keine in den Naturwissenschaften, die mich stets besonders interessierten.

Ab der sechsten Klasse kam ich in näheren Kontakt mit dem Schreibwarenhändler Ali, bei dem ich Schulbücher, Tinte, Bleistifte und die typischen vierzigseitigen Hefte kaufte. Ich empfand ihn wie einen älteren Bruder. Es war ihm wichtig, ob man gut in der Schule ist, so fragte er mich immer wieder: „Wie bist du in Mathe, wie bist du in diesem und jenem Fach ...?“ Im Iran ist es so, dass Jungen nicht den ganzen Tag zu Hause sitzen wie Mädchen, sondern in der Gasse spielen und erst abends vom Fußball- oder Murmelspielen heimkommen. Mit den anderen Jungen war ich natürlich auch zusammen, aber ging öfter in Alis Laden. Er wusste, dass ich gerne las, und fing bald an, mir Bücher zu geben, ohne Geld dafür zu nehmen, gebrauchte Bücher, die er selbst gelesen hatte. „Djamshid, lies mal dieses Buch“, sagte er, „und dann erzähl mir, ob es dir gefallen hat oder nicht.“ So bin ich in einen Dialog mit ihm gekommen. Im Nachhinein kann ich mir sehr gut vorstellen, dass er politisch progressiv orientiert war. Mit dem Schreibwarenladen verdiente er seinen Lebensunterhalt, aber eigentlich war er ein Intellektueller. Er gab mir nicht nur persische Bücher, sondern vor allem auch europäische Literatur, und wir redeten oft miteinander. Das war für mich ein Tor zur Welt, durch das ich ohne ihn nicht hindurchgeschritten wäre. So lernte ich Hugo, Balzac und andere französische Literatur, auch die russische, später die amerikanische kennen. Vieles war ins Persische übersetzt worden. Hinterher forderte er mich ständig mit Fragen zu den Büchern heraus und brachte mich dazu, zu reflektieren und neugierig zu sein. Über den Westen redete er nie schlecht. Ali übte nach meinem Vater einen immens großen Einfluss auf mich aus. Mein Vater animierte mich eher gesellschaftlich, den Status betreffend, intellektuell dafür weniger. Ihm war Bildung wichtig, aber Bücher las er selbst kaum, eher Zeitungen. Ali führte seinen Laden in unserer Straße bis in die Zeit meines Abiturs, aber dann heiratete er eine wunderschöne Frau und zog weg. Danach habe ich ihn nie wieder gesehen. Das Wissen, dass ich ihm einiges verdanke, ist mir bewusst geblieben.

Auch bestimmte Lehrer übten einen großen Einfluss auf mich aus. Lehrer, die sehr klar und strukturiert geredet haben, mochte ich von Anfang an, egal ob sie Physik, Mathematik oder Geschichte unterrichteten. Seit dieser frühen Zeit bin ich sehr aufnahmefähig für strukturiertes Denken, in dem nichts nebulös und alles klar definiert ist. Damals war mir das so nicht bewusst, aber ich schätzte es einfach, wenn der Physiklehrer die Unterschiede zwischen Physik und Chemie oder die einzelnen Disziplinen der Physik strukturiert und logisch darstellte, sodass ein Schüler von fünfzehn Jahren sie auch wirklich verstand. Hier prägten mich vor allem mein

Physik- und Mathelehrer sowie ein bekannter iranischer Literaturlehrer, der die europäische Literatur ebenso wie die persische sehr gut erklärte. In den Fächern all dieser von mir verehrten Lehrer versuchte ich stets, der Beste zu sein, ich wollte sie schließlich nicht enttäuschen. Bei Lehrern, die ich nicht mochte, aus welchem Grund auch immer, war es mir nicht wichtig, zu brillieren. Im Großen und Ganzen schwankte ich zwischen gut und sehr gut. Auf dem Gymnasium war ich auch Klassensprecher. Bestimmte nichtfachliche Aufgaben im Interesse von uns Schülern übernahm ich gerne, so auch die Funktion des Klassensprechers. Die Anerkennung, die ich darüber erlangte, war mir sehr wichtig. Insgesamt hatte ich auch sehr viel Glück, Glück durch den Vater, die Lehrer, in vielem. Wenn ich in einer anderen Familie aufgewachsen wäre, weiß ich nicht, was aus mir geworden wäre, selbst wenn ich das Potenzial dazu gehabt hätte. Ein unterdurchschnittlicher Schüler mit reichen Eltern konnte schnell Karriere machen durch Beziehungen, aber ob ein guter Schüler aus einfachen Verhältnissen gesellschaftlich vorankam, stand in den Sternen. Die iranische Kultur von damals, und das ist heute sogar noch stärker der Fall, war beziehungs- und nicht leistungsorientiert. Beziehungen stießen Türen auf und Leistungen spielten eine deutlich geringere Rolle. Mir ging es dagegen immer um die Leistung, ich war unzufrieden, wenn ich nicht eine weitere Stufe meiner persönlichen Entwicklung erreichte. Deutschland hat mir in diesem Punkt später viel gegeben. Ich habe auch versucht im Laufe meiner wissenschaftlichen und beruflichen Tätigkeit etwas zurückzugeben.

In der achten Klasse sprach ich mit einem Klassenkameraden über meine Idee einer Wandzeitung und begeisterte ihn davon. Er konnte gut malen und ich hatte eine schöne

Schrift; über den Inhalt entschieden wir gemeinsam. Der Schuldirektor gab uns die Erlaubnis, die Wandzeitung unter dem Titel „Wissenschaft und Gesellschaft“ mit den Rubriken Allgemeinbildung, Kreuzworträtsel, Satire und Quiz alle zwei Monate herauszubringen. Sie stieß in der Schule auf eine sehr positive Resonanz. Es gab aber auch Neider, die manchmal unsinniges Zeug daraufkritzelten, bis schließlich ein Glaskasten den Aushang schützte.

Das iranische Schulsystem, sowohl in der Grundschule als auch auf dem Gymnasium, verlangte das Auswendiglernen eines bestimmten Stoffes. Es wurde vom Kulturministerium vorgegeben, welche Fächer man uns mit welchem Stoff beizubringen hatte. Kritik an den Lehrern wäre wie Majestätsbeleidigung gewesen. Kritisches Denken war tabu. Es ging darum, ihnen zu gefallen. Man durfte nicht das tun, was man wollte oder dachte, sondern was der Lehrer wollte oder dachte. Die Strukturen in der Familie, Schule, Universität und am Arbeitsplatz waren hierarchisch und autoritär aufgebaut und es galt, sie zu akzeptieren, wie sie waren. Dementsprechend wurde überall im iranischen Schulsystem völlige Anpassung verlangt. Wenn wir etwa einen Aufsatz geschrieben hatten, nannte der Lehrer ein Thema, etwa „Ist Geld wichtiger als Wissenschaft?“. Selbst wer davon überzeugt war, dass Geld wichtiger sei, wäre nie auf die Idee gekommen, so etwas zu schreiben. Der Lehrer wollte hören, dass die Wissenschaft wichtiger ist, und deshalb versuchten wir ihm zu gefallen. Als Kind sollte man immer einem anderen gefallen, dem Lehrer, dem Vater und anderen Autoritäten. Wollte man es zugespitzt ausdrücken, so waren wir fremdbestimmt. Die Ehre ist in diesem Zusammenhang ein ganz zentraler Begriff, nicht nur im Iran, sondern auch in vielen anderen Ländern. Unsere

Individualität, unser Wille spielten in der Erziehung überhaupt keine Rolle. Wir waren Teil eines Kollektivs, das Kollektiv bestimmte die Werte und wir mussten uns anpassen. Auch in der Schahzeit mit ihrem traditionell-autoritären System war unsere Denkweise, war auch unser Schulsystem von diesen aus der Religion stammenden Maximen geprägt. Die Religion besagte, Gott, Khoda, wie es im Iran statt Allah heißt, hat alles bestimmt, du musst nur folgen, du musst deinem Vater folgen, du musst dem Lehrer folgen, du musst Gott folgen. Es wurde uns nicht beigebracht, selbständig und kritisch zu denken. Weder im Gymnasium noch später an der Universität. Wenn man eine intelligente Frage stellte, die dem Lehrer nicht gefiel, entweder weil er keine Antwort wusste oder die Frage ihn nicht interessierte, dann hieß es: „Was redest du für dummes Zeug, das geht dich gar nichts an." Oder: „Lerne das, was ich dir gesagt habe." Man sollte das System und seine Institutionen akzeptieren, egal ob in didaktischer, politischer, religiöser oder in was auch immer für einer Hinsicht. Wer um Gottes willen einen anderen Weg vorzog, bekam erhebliche Schwierigkeiten. Meine Tochter Nassim, die hier in Deutschland geboren und in den Achtzigerjahren zur Schule gegangen ist, lernte im Gegensatz dazu, frei und ohne Angst zu denken und offen ihre Meinung zu äußern. Was für ein himmelweiter Unterschied!

Religion, Politik und Kultur in meiner Jugend

Ein weiterer Aspekt des autoritären Gesellschaftssystems war und ist die Religion. Unsere Familie war nicht im engeren Sinne fromm. Mein Vater glaubte an Gott, er betete aber nicht regelmäßig, auch trank er Alkohol und hörte Musik, das ist für die wirklich frommen Menschen tabu. Gut, das war auch beruflich bedingt. Auch meine Mutter betete kaum, war aber in der religiösen Tradition tief verankert. Im Ramadan fasteten wir manchmal, manchmal auch nicht, auf keinen Fall regelmäßig. Aber trotzdem waren sie gläubige Menschen. Wir wohnten nicht weit von einer Moschee, im Iran hat jedes Viertel mindestens eine Moschee, oft auch mehrere. Schon in meiner Kindheit war die Religion mit ihren Ritualen überall präsent, auch bei uns zu Hause. Es wurde auch darüber gesprochen. Meine Großmutter war weit religiöser als meine Eltern. Als ich Kind war, erzählte sie: „Auf deinen beiden Schultern sitzen zwei Engel, die deine Taten überwachen. Der Engel auf der rechten Schulter schreibt deine guten Taten und der auf der linken Schulter deine schlechten Taten auf. Wenn du in den Himmel kommst, werden deine Taten vorgelesen und Gott beurteilt, ob du in die Hölle kommst oder ins Paradies.“ Manchmal verursachte mir diese Vorstellung Albträume, ich fühlte mich permanent überwacht und machte mir ständig Sorgen, wenn ich den Eindruck gewann, etwas Schlechtes getan zu haben. Ich hoffte immer, dass ich nicht so schnell älter wurde, weil diese negativen Taten ab dem Alter von zwölf Jahren noch schlechter beurteilt werden sollten!

Gelegentlich kamen Leute zu Besuch und aus diesem Anlass wurden den Kindern religiöse Geschichten vorgelesen oder bestimmte religiöse Rituale vollzogen, an denen wir alle teilnahmen. Als Kind war ich natürlich religiös, aber mein Vater legte nicht so großen Wert darauf, ob ich betete oder nicht, das war ihm egal. In unseren Köpfen, in unserer Denkweise war die Religion sehr präsent. Immerhin ist die islamische Religion im Iran wie ein Oktopus mit seinen vielen Beinen überall gegenwärtig, und das schon seit 1400 Jahren. Aber dies galt sogar auch schon für die vorislamische Religion. Kritisches Denken kannten wir nicht und Kritik an der Religion galt als Teufelswerk. Deshalb übte die Religion in der Erziehung, in der Schule, in der Gesellschaft so großen Einfluss aus. Auch schon in der Zeit des Schahs Mohammad Reza Pahlavi genossen die Mullahs und Ayatollahs großes Ansehen und ebensolchen Einfluss. Zweitens gab es religiöse Minderheiten im Iran, Christen, Armenier, Assyrer und auch Juden, dann die Zarathustra-Anhänger und die Bahai. Die Juden wurden akzeptiert wie auch die Christen, ebenso die Zoroastrier, denn im Iran sagt man, diejenigen, die Bücher der Offenbarung haben, seien gottgläubige Menschen. Die Bahai galten schon damals als Abtrünnige des Islam. Sie sind geprägt von der Vorstellung, dass sich immer neue göttliche Offenbarungen ereignen. In der Schahzeit wurden sie nicht so extrem verfolgt wie gegenwärtig. Wenn ein christlicher oder ein jüdischer Freund zu mir nach Hause kam, sagte meine Großmutter (für meine Mutter war das nicht so wichtig), wenn die gehen, muss alles, was sie angefasst haben, Teller, Becher, Gläser, noch einmal abgewaschen werden. Das heißt, sie waren unrein. Die Frommen im Iran halten bis heute an diesen Bräuchen fest. Ich sagte als Kind: „Das ist doch mein Freund, was soll der Unsinn, dass das nicht sauber sein soll?“ Aber dieses Denken war in den meisten Familien präsent. Für mich waren die Christen (damals sagten wir Armenier), die Assyrer und Juden alle meine Freunde, meiner Meinung nach war diese Trennung Unfug, erst später auf dem Gymnasium akzeptierte ich, dass es so war. Als ich aufs Gymnasium ging, hatte ich sehr gute jüdische Freunde, zu denen ich nach Hause gegangen bin, oder christliche Freunde, Zoroastrier, auch Bahai; in meiner Zeit als Bergsteiger waren zwei Bahai darunter. Sie verschwiegen mir, dass sie Bahai waren. Erst wenn man sehr gut mit ihnen befreundet war, vertrauten sie es einem an und auch in meinem Falle dauerte es eine ganze Weile. Christen und Juden erzählten, wer sie waren, sie hatten Synagogen oder Kirchen. Auch Zarathustra-Anhänger genossen „Ansehen". Trotz alledem wurde uns diese Überlegenheit, dass nur wir die beste Religion haben, von den Mullahs eingeimpft – und damit auch die Ausgrenzung, dass die anderen nicht ausreichend gut oder rein seien. Erst als meine Großmutter tot war, haben wir nach dem Besuch jüdischer oder christlicher Freunde nichts mehr abgewaschen.

In jeder Lebenslage war die Religion subtil stark präsent. Wenn ich heute mit meinen Freunden darüber rede, gehen uns manchmal Gedanken durch den Kopf, erinnern wir uns an bestimmte Denk- oder Verhaltensweisen, die von der religiösen Erziehung herrühren müssen. Man sieht jetzt einfach, was aus dem Land geworden ist. Wir dachten damals, wir seien ein westlich orientierter Staat. Der Schah versuchte den Iran zu modernisieren, aber er unterschätzte die Mullahs wie auch die Macht und die Rolle der Religion gewaltig. Dass er selbst gläubig war, unterschied ihn von seinem Vater, der in den Mullahs ähnlich wie Kemal Atatürk in der Türkei ganz zutreffend ein großes Hindernis unseres Fortschritts erkannt hatte. Aber sein Sohn zeigte allzu großen Respekt vor ihnen und so wurden sie im Lauf der Zeit immer stärker. Ihm ging es unter anderem darum, die Religion als Bollwerk gegen den Kommunismus aufzubauen, immerhin herrschte der Kalte Krieg, und deshalb sah er nicht die Gefahr, die von ihnen für das Land ausging, auch die nichtfundamentalistisch-religiösen und anderen politischen Organisationen der

Opposition unterschätzten diese Gefahren lange. Zu jener Zeit gab es Bestrebungen, das Bildungssystem, die Justiz und anderes zu modernisieren, das heißt vom traditionell-religiösen Einfluss zu emanzipieren, was teilweise gelang. Aber nach der Iranischen Revolution wurde das meiste davon wieder zunichtegemacht.

Unsere Familie war nie in dem Sinne politisch, dass wir einer bestimmten politischen Richtung angehörten oder zu Hause über Politik redeten. Meine Mutter als Hausfrau wusste überhaupt nicht, worum es ging. Mein Vater las zwar Zeitung und wusste schon Bescheid, aber zu Hause äußerte er sich nie darüber. Ich kann mir vorstellen, dass er einfach Angst hatte, ich könnte in der Schule oder meinen Freunden etwas davon erzählen, woraufhin er womöglich seine Arbeit verloren hätte. Damals mussten wir in der Grundschule wie in der Kaserne jeden Morgen die Nationalhymne und danach eine Art Liebeshymne an Gott, den Kaiser und die Heimat singen. Anschließend wurde uns erzählt, dass der Kaiser, der Schah, der wichtigste Mensch sei und in der Rangfolge gleich nach Gott stehe. Gott habe den König geschickt, um unsere Heimat zu schützen. Gott, Schah, Heimat, das waren die drei Säulen, auf denen unsere Welt ruhte. Wir Kinder sahen es mehr als ein Spiel, nicht als Politik in einem engeren Sinne. Was sich jedoch tatsächlich abspielte, hielt man vor uns gründlich geheim. In der Grundschule war unser Schuldirektor von heute auf morgen verschwunden. Ich mochte Herrn Kaviani und als es hieß, er sei gestorben, weinten viele Lehrer und wir Kinder waren tieftraurig. Wir alle dachten an eine Krankheit. Jahre später äußerte mein Vater die Vermutung, dass Herr Kaviani politisch aktiv war, vielleicht zur Linken oder sogar zu den Kommunisten gehört und man ihn hingerichtet hatte, aber wir wussten nichts Genaues. Es sei verboten gewesen, das den Schülern zu erzählen. In meiner Zeit im Gymnasium beschäftigte ich mich nie bewusst mit Politik. Gut, Ali, der Schreibwarenhändler, hatte mich ein wenig in dieser Richtung sensibilisiert, ich las einige gesellschafts- und sozialkritische Erzählungen, aber es wirkte alles diffus, von einer klaren politischen Haltung war ich noch sehr weit entfernt. Als ich in die achte Klasse ging, kam es im ganzen Iran zu einer großen Protestbewegung der Lehrer gegen den Kulturminister wegen schlechter Bezahlung. Viele Schüler gingen aus Solidarität mit auf die Straße. Bei Demonstrationen wurde ein Lehrer durch einen Schuss aus einer Polizeiwaffe tödlich verletzt, daraufhin radikalisierte sich die Bewegung, bis schließlich der Kulturminister ausgetauscht wurde. Dies war das erste Mal, dass sich Schüler, meist der elften und zwölften Klassen, in größerem Ausmaß politisch zu Wort meldeten. Ich selbst war nicht daran beteiligt und erkannte die Tragweite noch gar nicht. Aber im Laufe der Zeit machte ich mir immer mehr Gedanken darüber, warum Kinder reicher Eltern in der Schule besser behandelt wurden, und fand es unfair, weil es in der Regel nichts mit ihren Leistungen zu tun hatte. Dagegen gingen die Lehrer mit Kindern aus armen Familien oft nicht gut um, obwohl sie schulisch mitunter nicht schlecht waren. Mein Vater hielt sich in dieser politischen Frage zurück und sagte: „Ja, manchmal ist das so im Leben." Auf jeden Fall hatte er große Angst davor, dass ich politisch aktiv werden könnte. Dieses Thema der Ungerechtigkeit beschäftigte mich weiter, ohne dass ich mich politisch schon irgendwo eingeordnet hätte. Und dann kam diese Diskussion in der elften, zwölften Klasse, als mir ein Freund schilderte, was politisch im Iran los war. Anscheinend stammte er aus einer politisch interessierten

Familie und wusste viel mehr als ich. Weil wir ahnten, dass man uns überwachte, gingen wir zusammen in die Berge. Dort erzählte er mir über Dr. Mohammad Mossadegh und den Putsch der CIA und dass der Schah ein Lakai der Amerikaner sei. Auch mein Vater mochte Dr. Mossadegh und vermittelte mir einige Informationen, die ich heute zu meiner politischen Sozialisation zähle.

Dr. Mossadegh war der demokratisch gewählte Ministerpräsident des Iran 1951 bis 1952, 1953 wurde er nochmals gewählt. In der Schweiz hatte er Jura studiert und promoviert. Von Jugend an war Dr. Mossadegh ein politischer Mensch und erkannte, dass sich der Schah laut Verfassung wie in Belgien oder England nicht in die Politik einmischen durfte. Und trotzdem beeinflusste der Schah alles und verstieß damit gegen die Verfassung unseres Landes. Zudem beobachtete Dr. Mossadegh, dass die Briten das iranische Erdöl für sich nutzten und nur einen kleinen Teil davon dem Iran überließen. Obwohl der Iran nie eine Kolonie war, behandelten die Briten das Land so. Formal hieß es iranisch-britische Erdölgesellschaft, aber zum größten Teil gingen die Gewinne nach London und nicht in den Iran. Dagegen organisierte Dr. Mossadegh mit viel Mut eine nationale Bewegung und beanspruchte mit dem Rückhalt des Volkes das Erdöl für den Iran. Mit welchem Recht konnten die Briten es für sich fordern? Dr. Mossadegh erreichte fast mit dem ganzen Land im Rücken sogar die zwischenzeitliche Flucht des Schahs und setzte die Verstaatlichung der Erdölgesellschaft gegen den militärischen Widerstand der Briten durch. Er war nicht antiwestlich, aber trat konsequent für die iranischen Interessen ein. Die kommunistische Tudeh-Partei war zu jener Zeit stark und drang trotz gelegentlicher Verbote innerhalb von zehn bis fünfzehn Jahren überall ins Militär ein. Vermutlich hatten die USA Angst, dass Dr. Mossadegh dieser kommunistischen Bewegung nicht Herr werde, ja, dass die Kommunisten ihn sogar stürzen könnten. Im Nachhinein war das wahrscheinlich übertrieben, aber es passte zur Hysterie im Kalten Krieg. Der Putsch des US-amerikanischen Geheimdienstes CIA 1953, in dessen Folge Dr. Mossadegh gestürzt und von einem Militärtribunal zu lebenslangem Hausarrest verurteilt wurde, prägte sich tief ins kollektive Gedächtnis der Iraner ein. Sogar ein gewisser Teil der Ayatollahs arbeitete mit der CIA zusammen, weil ihnen der Schah lieber war als die gottlosen Kommunisten, und so übernahm Mohammad Reza Pahlavi nach dem CIA-Putsch wieder die Herrschaft im Iran. Eine Legitimation als Kaiser besaß er eigentlich nicht mehr, weil ihn die Amerikaner wieder auf den Thron gesetzt hatten, und vielleicht deswegen gebärdete er sich allmählich immer despotischer. Mithilfe der Amerikaner und möglicherweise noch anderer Länder wurde der Geheimdienst SAVAK aufgebaut. Der Schah riss alle Macht an sich, obwohl er das laut Verfassung nicht durfte. Seine Argumentation lautete, wenn ich nicht da wäre, wären die Kommunisten an der Macht. Die Tudeh-Partei wurde verboten, die Offiziere, die ihr angehörten, verhaftet und hingerichtet. Es könnte sein, dass unser Schuldirektor auch zu dieser Partei gehört hatte. Auf jeden Fall wurde die Atmosphäre immer restriktiver. Kritische junge Leute, Studenten, wurden sofort als Kommunisten abgestempelt und eingeschüchtert. Die Aktivitäten des SAVAK richteten sich mehr gegen innere Gegner als gegen Feinde im Ausland. Der Schah, das kann man im Nachhinein sicher so sagen, hatte nicht nur vor den Kommunisten und den Anhängern Dr. Mossadeghs Angst, sondern erst recht vor den

Amerikanern, von denen er abhängig war. Sie hatten ihn auf den Thron gebracht, sie konnten ihn auch wieder absetzen. Als der Demokrat John F. Kennedy 1960 zum Präsidenten der USA gewählt wurde, teilte er dem Schah mit, er müsse sich politisch öffnen – der Schah unterstützte dafür bei Wahlen in Amerika von da an immer die konservativen Republikaner, so wie die Saudis das heute noch tun. Nach meiner Einschätzung mochte ihn die Demokratische Partei nicht und er wusste, wenn sie an die Macht kamen, konnten sie ihm große Schwierigkeiten bereiten. Wie sehr die Amerikaner die Dinge im Iran in der Hand hatten, sah ich auch, als ich selbst zwei Jahre Militärdienst leisten musste. Bestimmte Übungen benoteten amerikanische Offiziere, was meinen Freunden und mir völlig widerstrebte und Ausdruck von massiver politischer Abhängigkeit war. Diese Verhältnisse sind mit Sicherheit auch ein Grund für den Sturz des Schahs. In der Iranischen Revolution 1979 spielte Ayatollah Khomeini geschickt die religiös-nationale Karte und warf die Frage auf, warum die Amerikaner eigentlich alles entschieden. So stellten sich damals die meisten Oppositionellen gegen den Schah hinter Khomeini. Man wird mit einiger Wahrscheinlichkeit sagen können: Wenn der CIA-Putsch von 1953 nicht gewesen und in der Opposition nicht eine solche antiwestliche, insbesondere antiamerikanische Stimmung aufgekommen wäre, wären die Mullahs nicht an die Macht gekommen.

Aufgrund der wachsenden Öleinnahmen und der Modernisierungsbestrebungen in der Gesellschaft war der Wohlstand bestimmter Schichten des Iran im Wachsen begriffen. Trotz Bodenreform litt jedoch die Landwirtschaft unter zu geringen Investitionen, mit der Folge einer gewaltigen Wanderbewegung von den Dörfern in die Städte. Die schwache

Infrastruktur des Landes konnte diese Wanderbewegung nicht bewältigen. Die Reformen des Schahs gerieten aus dem Gleichgewicht. 1963 kam es sogar zu Unruhen, die von dem Geistlichen Ruhollah Khomeini inspiriert waren und niedergeschlagen wurden – der erste ernst zu nehmende Aufstand gegen westliche Einflüsse. Zudem versäumte es der Schah, trotz des Drucks aus Washington politische Reformen einzuleiten. Junge kritische Menschen erklärte man zu Feinden, statt sie zu integrieren, was in demokratischen Systemen möglich ist. Der Schah im Iran war dagegen so töricht, fast alle politisch kritischen jungen Leute zu kriminalisieren und sie dauerhaft in die Opposition zu drängen. Kritische Studenten, zu denen auch ich gehörte, wurden sofort abgestempelt, als Kommunisten, als Verräter, obwohl ich nicht einmal wusste, was Kommunismus ist. Es ist kein Zufall, dass heutzutage die Religiösen regieren, denn sie sagten, der Kaiser vertrete nicht unsere nationale Souveränität, im Grunde herrschten die Amerikaner in unserem Land. In Wirklichkeit meinten sie jedoch, dass der Islam die Herrschaft übernehmen solle. Damals repräsentierte der SAVAK ein Einschüchterungssystem in vielen gesellschaftlichen Bereichen. Man musste stets aufpassen, was man sagte. Wer einen Job hatte, vor allem beim Staat oder in einer staatsnahen Organisation, war ähnlich wie in der DDR gut beraten, auch gegenüber Verwandten und Kollegen seine Worte sorgfältig abzuwägen, damit er nicht denunziert wurde, sonst hätte er ihn schnell verlieren können.

In der Zeit, in der ich aufgewachsen bin, war der Iran keine Welt, die man als traditionell-orientalisch bezeichnen könnte, vielmehr orientierten wir uns in Richtung Westen. Heute ist die Herrschaftsclique des Landes vermutlich orientalischer, das heißt auf sich selbst bezogener, religiöser als damals. Als die Erdölgeschäfte richtig gut liefen und der Schah auf dem Höhepunkt seiner Macht war, sagte er immer wieder, in zehn Jahren seien wir so weit wie Schweden oder Japan. Diese beiden Elemente prägten seinerzeit also unser nationales Bewusstsein: die Tradition des großen persischen Reiches, in dessen Nachfolge wir uns sahen; dies vermittelte man uns in der Schule eindringlich. Und zum anderen die Erwartung, dass wir genauso gut wie der Westen sein könnten und im Grunde eine überaus erfolgreiche Nation seien. Heute ist es genau umgekehrt, der Westen wird von der herrschenden religiösen Ideologie verpönt, der Orient repräsentiert stattdessen Islam und Sittlichkeit. Meine Generation wuchs mit Offenheit gegenüber dem Westen auf, und dies schlug sich zum Beispiel auch im Kinoprogramm nieder: Egal ob man in Teheran lebte oder in Berlin, es liefen überall fast die gleichen Filme. Viele westliche Filme wurden sofort synchronisiert und waren innerhalb von ein paar Wochen auch im iranischen Kino zu sehen. Wir identifizierten uns sogar damit. Ob das richtig oder falsch war, sei einmal dahingestellt. In dem Sinne kann ich nicht sagen, ich sei als typischer Orientale aufgewachsen, denn das war nicht der Hintergrund, vor dem wir erzogen wurden. Zwar gab es von religiöser Seite, von den Traditionalisten immer noch diese Bestrebungen, anders zu sein, sich abzugrenzen. Aber in meinem Lebensumfeld galt das nicht, mein Vater sah es als das Beste an, der Junge geht ins Ausland und studiert. Lieber nach Amerika als nach Europa, so dachte man, auf keinen Fall antiwestlich. Ein paar Jahre vor Khomeini traten iranische Intellektuelle auf, die versuchten eine altiranisch-orientalische Identität wiederzubeleben, kritischere Töne gegenüber dem Westen, gegenüber den USA anzuschlagen und eine eigene Identität zu definieren. Aber sie hatten nichts Greifbares, um die Westorientierung zu ersetzen, abgesehen von dem Kaiserreich vor 2500 Jahren. In dieser Diskussion ließen sie eine Lücke, die später die Religion ausfüllte. Unbewusst haben sie Khomeini den Weg bereitet. Die Mehrheit meiner Generation dachte nicht in dieser Weise, wir empfanden trotz aller religiösen und despotischen Einflüsse, dass wir den Weg nach Westen gehen müssten. Wir wollten ein westlich orientiertes Land werden.

Schon recht bald entwickelte ich ein untrügliches Gespür dafür, dass etwas faul war im Land des Schahs: Ich musste mitansehen, wie Schüler aus Familien mit Geld und einem bestimmten sozialen Status unabhängig von ihrer Leistung besser behandelt und besser bewertet wurden als Kinder aus weniger privilegierten Familien. In der Schahzeit waren zum Beispiel Militärs, Senatoren, Abgeordnete hoch angesehen und ihre Kinder erhielten deutlich bessere Chancen als Kinder einfacher Leute, Beamter oder Angestellter. Dass es ungerecht zuging, war die negativste Erfahrung meiner Jugendzeit. Auch junge Menschen haben dafür ein Bewusstsein, sie sagen in diesem Fall aus tiefer Überzeugung, etwas sei nicht fair.

In diesem Zusammenhang erinnere ich mich an ein Erlebnis, als ich elf Jahre alt war. Damals leistete der Bruder meiner Mutter seinen Militärdienst. Weil er gut aussah und geschliffene Umgangsformen hatte, verbrachte er nach der Grundausbildung die restliche Zeit seines Dienstes beim Personal des Offiziersclubs in Teheran. Zu einem großen Fest nahm er mich und meinen Cousin, der zwei Jahre älter war als ich, in diesen Club mit, wo sich an dem Abend zahlreiche hohe Militärs mit ihren Familien, darunter auch etliche Kinder, versammelt hatten. Mein Cousin und ich durften dieses Fest durch den Türschlitz vom Personalraum aus beobachten.

Während er nur auf die Frauen und Mädchen achtete und mich aufforderte, das Gleiche zu tun, was mich jedoch nicht im Mindesten interessierte, standen mir stattdessen Tränen in den Augen. Warum durften wir nicht in den Saal, obwohl auch Kinder unseres Alters dabei waren? Warum sollte ich mich verstecken? Ich hätte unendlich gerne dazugehört. Wer nicht das Glück hatte, zu den Reichen und Einflussreichen zu gehören, der hatte es sehr schwer, in die Schicht der Privilegierten aufzusteigen. Leistung und Intelligenz waren nicht der entscheidende Faktor, sondern Familienzugehörigkeit. Je älter ich wurde, desto klarer erkannte ich dieses Unrecht.

Dass man aber auch mich aufgrund meines Äußeren für westlich orientiert hielt oder sogar, eine Ironie der Geschichte, als Privilegierten ansah, musste ich mit achtzehn Jahren erleben. Am ersten Tag des persischen Neujahrsfests um den 21. März bekam ich, wie es in meinem Alter üblich war, einen Anzug mit Krawatte und außerdem überraschte mich mein Vater, als er mir ein Sparbuch von der Nationalbank überreichte. Er hatte jährlich Geld auf das Konto überwiesen. Jetzt mit achtzehn Jahren durfte ich darüber verfügen. An einem der folgenden Tage lief ich glücklich und stolz in Anzug und Krawatte mit dem Sparbuch zur Bank. Es war ein sonniger Frühlingstag. Als ich die Hauptstraße, die jetzt Straße der Revolution heißt, überqueren wollte, begann ein Gärtner von einer bepflanzten Verkehrsinsel in der Mitte der Straße aus, die er gerade begoss, mich unvermittelt mit dem Wasserschlauch zu bespritzen. Dabei lachte er sehr hässlich. Ich wurde bis auf das Unterhemd nass, war erschrocken und schockiert und fing an laut zu schimpfen. Er lachte weiter und hörte nicht auf. Soweit ich mich erinnern kann, war er etwa fünfzig Jahre alt, ungepflegt und unrasiert. Nach dem ersten Wortwechsel kam es zu einer Prügelei. Ich war sehr wütend und schlug ihm eine blutige Nase. Um uns herum sammelten sich Passanten und schauten zu. Inzwischen kam auch ein Polizist dazu und erkundigte sich, was hier los sei. Ich schilderte ihm das Vorgefallene. Als der Polizist den Gärtner zur Rede stellte und ihn fragte, ob er völlig verrückt sei, antwortete er: „Herr Wachtmeister, dieser junge Mann hat den Schah beleidigt." Natürlich war das eine Lüge. Der Polizist befragte die Passanten, welche angaben, nichts zu wissen. Wir mussten zur nächsten Polizeiwache gehen, wo ich meine Version wiederholte. Nachdem ich dem klugen Polizeioffizier mein Sparbuch gezeigt und erzählt hatte, dass ich zur Bank gehen wollte, glaubte er meiner Version und wandte sich an den Mann: „Seit wann bist du Vertreter des Schahs und was geht dich das überhaupt an?" Im Nachhinein denke ich, mein Anzug mit Krawatte als Symbol der Moderne provozierte den Mann. Wie diese Sache heute ausgehen würde, wenn jemand behauptet, ich hätte den Propheten beleidigt, möchte ich mir nicht ausdenken.

Trotz aller westlicher Orientierung, die ich aus meinem Umfeld aufnahm, war und bin ich bis heute dennoch tief in der iranischen Kultur verwurzelt. Ich war und bin insbesondere von zwei Elementen geprägt, einmal der persischen Sprache und zweitens von persischen Feiertagen wie dem Neujahrsfest Nowruz, was so viel heißt wie „Neuer Tag", nämlich der erste Tag des Frühlings. Nowruz wird meistens am 21. März, manchmal auch am 20. gefeiert. Dieses Fest nehmen die Iraner sehr ernst, wichtiger als die religiösen Feste, obwohl den Mullahs das nicht gefällt, aber dagegen können sie nichts unternehmen. Trotz zahlreicher fremder Einflüsse von den Arabern über die Mongolen bis hin zu den Türken im Iran blieb Nowruz in fast 2500 Jahren ein wesentlicher Teil der iranischen Identität. Das Haus wird vor dem Fest gründlich geputzt, dann wird eine Tafel mit sieben S, sogenannten Haft-sin, vorbereitet. Eine solche Tafel besteht aus sieben Gegenständen, denen allen eine positive Bedeutung für das neue Jahr zugeschrieben wird. Dazu gehören in nichtreligiösen Familien zusätzlich ein Spiegel für die Reinheit, ein Goldfisch im Glas für das Glück und ein Buch des Dichters Hafis für die Weisheit.

Anschließend treffen die Gäste ein, die Kinder bekommen Geschenke, meistens Geld oder Kleidung. An Nowruz besuchen Verwandte und Freunde sich gegenseitig und zeigen Respekt anderen gegenüber. Vor allem ist Nowruz ein Fest der Versöhnung. Leute, die sich miteinander gestritten haben, umarmen sich, man versucht, wieder Freunde zu sein. Es ist ein emotional wichtiges Ereignis. Als ich acht Jahre alt war, nahm mich mein Vater zu einem „wichtigen Mann" mit, er wollte ihn zu Nowruz beglückwünschen. Von Anfang an hatte mich als Kind das große Haus dieses Senators Dr. Ashtiani, der zeitweise Präsident des Iranischen Sozialverbandes und Gesundheitsminister war, mit den Bediensteten und einem eigenen Chauffeur beeindruckt. Auch an jenem Tag war er sehr freundlich zu meinem Vater und mir, er nahm mich als Person wahr und wechselte ein paar Sätze mit mir. Dann kam sein Sohn, der zwei Jahre älter als ich war, und führte mich in sein reichhaltig ausgestattetes Zimmer, was ich umso bemerkenswerter fand, als ich selbst kein eigenes besaß. Später lobte mich der Senator für meine Schulleistungen und schenkte mir eine Armbanduhr – eine wunderbare Kinderuhr, die auch tatsächlich funktionierte. Dieses Geschenk empfand ich als großen Reichtum und erinnerte mich so gerne an das Erlebnis, dass ich jedes Jahr zu Nowruz meinen Vater fragte, ob wir nicht dorthin gehen wollten. In der Schule war ich der Einzige, der eine Armbanduhr trug. Damit ist es mir als Achtjährigem gelungen, ein Gefühl für die Zeit und ihre Einheiten zu entwickeln. Diese Geschichte ist auch deshalb interessant, weil weltgewandte Persönlichkeiten wie dieser Mann im heutigen Iran fehlen.

Fünfzig Jahre später besuchte ich in New York die Columbia-Universität, wo die Encyclopaedia Iranica herausgegeben wird. Dort unterhielt ich mich mit dem iranischen Herausgeber Ehsan Yarshater, einem bekannten älteren Professor, und sprach ihn darauf an, dass der Name des Sohnes des Senators unter den Haupteditoren stand. Er bestätigte mir, dass es sich tatsächlich um den Sohn des Senators handelte und er im übernächsten Raum arbeitete. Als er kam, wiederholte ich vor allen Anwesenden die Geschichte nochmals und schilderte den positiven Einfluss seines Vaters auf mich. Dies freute ihn ungemein, er strahlte über das ganze Gesicht und sagte, es sei die schönste Geschichte seines Lebens.

Im Übrigen gilt Prof. Dr. Ehsan Yarshater (1920–2018), Direktor des Center for Iranian Studies und Professor der Iranistik an der Columbia University New York, als einer der bedeutendsten Iranisten seiner Generation. Er wurde international insbesondere als Mitbegründer und Herausgeber der „Encyclopaedia Iranica" bekannt, an deren Verwirklichung insgesamt vierzig weitere Herausgeber, 1600 Wissenschaftler unterschiedlicher Institutionen der USA, Europas und Asiens für rund 7000 Beiträge beteiligt sind. Ein weiteres von Yarshater initiiertes Projekt ist die inzwischen zwanzigbändige History of Persia. Er startete seine Encyclopaedia mit 52 Jahren und arbeitete zwölf Stunden am Tag bis Mitte neunzig.

Sein Leben war mit der Iranica eng verbunden. In persönlichen Gesprächen wirkte der schmächtige Mann stets bescheiden, sprach mit ruhiger Stimme und seine Liebe zur persischen Sprache, Kultur und Geschichte beeindruckte mich für die Dauer meines Lebens tief. Die von ihm mitbegründete Encyclopaedia Iranica ist die beste Darstellung dessen, was die iranische Identität ausmacht. Er war es auch, der mich in einem Gespräch vor einer im Iran weit verbreiteten Kultur des Misstrauens gewarnt hat, denn sie behindere die notwendige Kooperation ganz entscheidend. Auch diese Äußerung prägte sich mir sehr nachhaltig ein.

Wie andere Nationen mit einer großen Vergangenheit sind auch der Iran und die Iraner sehr auf sich selbst fixiert. Nationen, die auf ähnliche Weise selbstbezogen sind, sehen sich gerne als Mitte der Welt und betrachten ihre Geschichte als identisch mit der Weltgeschichte.

Die iranische Tradition beruht, wie ich gelernt habe, auf dualistischen Mythen vom Dämonischen und vom Göttlichen, vom Heiligen und vom Profanen. Sie sieht das eigene Volk als rein und unverdorben und andere als unrein an. Wie im Fall jeder anderen Identität ist der Versuch, die Iraner als eine homogene und reine Gruppe von Menschen zu definieren, unglaubwürdig. In der Welt von heute muss jede Identität den Weg des Dialogs durchlaufen. Im zurückliegenden Jahrhundert waren wir Zeuge zweier mächtiger ideologischer Diskurse über die iranische Identität, einer davon war antitraditionalistisch und der andere antimodernistisch. Beide wollten die Identität des Vielvölkerstaats Iran homogenisieren und die politischen Folgen dieser Versuche waren für die Iraner jedes Mal entsetzlich. Sie beabsichtigten entweder die Modernisierung zu beenden oder die Tradition zu zerstören. Dabei sind die Iraner an sich weder vollkommen traditionell eingestellt noch vollkommen modern. Vielmehr müssen wir von drei Schichten der iranischen Identität sprechen, von vorislamisch-persischen, islamischen und modernen Dimensionen.

Die persische Sprache gehört zum iranischen Zweig der indogermanischen Sprachfamilie und ist als Amtssprache im Iran, in Afghanistan und Tadschikistan ein wichtiger Teil der iranischen Identität.

Im persischen Kultur- und Sprachraum wird die hohe Kunst der Dichtung sehr geschätzt. Der persische Kulturkreis hat eine ganze Anzahl berühmter und erfolgreicher Dichter hervorgebracht. Persische Dichter haben so auch über Jahrhunderte hinweg andere Kulturen und Sprachen beeinflusst, unter anderem den deutschen Dichter Goethe, dessen „West-östlicher Diwan" auf der klassischen Poesie basiert.

Ganz wesentlich ist für uns die persische Geschichte. Der Name Iran leitet sich aus dem altpersischen Bumiaryanam ab, was so viel wie „Land der Arier" heißt und im 20. Jahrhundert von der rassistischen Ideologie der Nationalsozialisten missbraucht wurde. Iran bezieht sich im eigentlichen Sinne auf eine viel größere Region, die die Gebiete der modernen Staaten Afghanistan, Tadschikistan, Irak, Aserbaidschan, Usbekistan, Turkmenistan sowie Teile Pakistans und der Türkei miteinschließt. Persien war vor 2500 Jahren ein antikes Weltreich. Weiter gehören zur iranischen Identität die Mythologie und die Geschichte.

Ein intensives Verhältnis zur persischen Küche habe ich genau genommen erst in Deutschland entwickelt. Mittlerweile gehört sie geradezu zu meiner Identität und verbindet mich mit meiner Heimat. Die heutige Küche Irans und seiner Nachbarländer ist eine orientalisch-asiatische Küche. Es wird viel Wert auf die Geschmacksharmonie der Zutaten gelegt. Ein wichtiger Bestandteil der persischen Küche ist der Duftreis, in einigen Variationen mit und auch ohne beigemengte Gewürze und Kräuter. Safran und Kurkuma bilden einen wichtigen Grundstock der Gewürze. Serviert wird ein Reisgericht, das mit Sauce und bestimmten Gemüsesorten, Obstsorten oder Nüssen bereitet wird oder mit Butter, Grilltomate und gegrilltem Fleisch, dem Kebab.

Ein persischer Teppich ist ein schweres Gewebe für einen weiten Bereich praktischer und symbolischer Zwecke, der im Iran und in den umgebenden Gebieten des ehemaligen Perserreichs hergestellt wird. Der Teppich ist ein Grundbestandteil persischer Kunst und Kultur. Persische Teppiche wurden erstmals im 4. vorchristlichen Jahrhundert vom griechischen Autor Xenophon in seinem Werk „Anabasis“ erwähnt.

Der Gast ist der Liebling Gottes, so besagt ein persisches Sprichwort, ihm gebührt die besondere Gastfreundschaft (Mehman Nawazi). Es ist das Prinzip von Gabe und Gegengabe. Wer etwas erhält, muss etwas zurückgeben. Das fördert den sozialen Zusammenhalt über zeitliche und räumliche Grenzen hinweg. Eine Einladung abzulehnen, und sei es nur eine Tasse Tee, gilt im Iran als unhöflich. Mit Gastlichkeit verbunden sind Freigebigkeit und Großzügigkeit, eine offene Hand und ein offenes Herz, wie die Iraner sagen. Großzügigkeit ist eine der wichtigsten Tugenden und sie muss erwidert werden. Das ist eine unausgesprochene Regel.

Auf dem Weg zum Erwachsenen

Wenn ich nun meine Freizeitbeschäftigungen und Freundschaften als Heranwachsender in den Blick nehme, so war vieles unstrukturiert und spontan, weil so viele Kinder in unserem Haushalt lebten. Die Mädchen blieben meistens zu Hause und durften nicht auf der Straße oder der Gasse spielen, das habe ich bereits erwähnt. Aber die Jungen tollten meistens draußen herum. Tagsüber waren wir in der Schule, aber am Wochenende oder abends spielten wir in der Gasse, typische Kinderspiele, Fußball, Murmeln, und erzählten uns gegenseitig Geschichten, manche wahr, manche aus der Phantasie. Damals wählte man nicht bewusst ein „Hobby", es geschah alles aus dem Augenblick heraus. Freundschaften wurden meistens mit Gleichaltrigen in dem Milieu geschlossen, in dem man aufwuchs. Auch innerhalb der Verwandtschaft entstanden Freundschaften, zum Beispiel mit dem Cousin. In der Grundschule spielte man meistens zusammen, gelegentlich halfen wir uns aber auch gegenseitig. Damals handelte es sich um Sport, Spielereien und unvernünftige Ideen auf der Straße, weil wir alle aus einem Viertel kamen, und blieb oberflächlich. Erst später wurden die Freundschaften ausgewählter, bewusster und dafür tiefer. Manche Freundschaften sind geblieben, viele andere auseinandergegangen. Beim Bergsteigen als Mitglied eines renommierten Ski- und Bergsteigervereins lernte ich noch einmal ganz andere Qualitäten an Freundschaften kennen.

So freundete ich mich auch mit guten Sportlern unseres Landes an, die teilweise zur Nationalmannschaft gehörten, und schätzte es, dass sie zugleich in ihrem Sport brillant und menschlich in Ordnung waren. Aber es gehörte für mich auch ein gewisses Bildungsniveau dazu. Menschen, die intellektuelle Fähigkeiten mit Erfolg im Sport kombinierten, waren für mich Vorbilder. Mit einigen von ihnen habe ich Kontakte oder Freundschaften gepflegt und bin mit ihnen in die Berge gegangen. Mit den reichen und verwöhnten Kindern wollte ich dagegen nichts zu tun haben, sie waren mir ausgesprochen unsympathisch.

Eine meiner Lieblingsbeschäftigungen war das Bergsteigen. Dazu bin ich über einen Freund in unserem Viertel gekommen, der zwei Jahre älter als ich war. Irgendwann erzählte er mir auf der Straße: „Wir gehen in den Norden von Teheran, da sind die Berge über 4000 Meter hoch und meistens schneebedeckt. Wir gehen da immer am Wochenende hin und steigen nicht zu weit hinauf." Als ich vielleicht dreizehn, vierzehn Jahre alt war, nahm er mich einmal mit. Diese Atmosphäre, die Luft, die Schönheit der Natur haben mich tief beeindruckt. Hinzu kam, dass es ein billiger Sport war; ich konnte mit dem Bus hinfahren und im Rucksack Essen mitnehmen, das meine Mutter gekocht hatte. Ein, zwei Jahre bin ich mit dem Jungen aus unserem Viertel ins Gebirge gegangen und wurde automatisch ein guter Freund des Berges, später wurde ich schon fast süchtig danach. Mit fünfzehn erfuhr ich zufällig, dass die Cousine meiner Mutter und ihr Mann beide sehr gute Bergsteiger und Skifahrer waren. Sie hießen Mehri und Esmail Zarafshan, beide waren sehr bekannt und er sogar noch einer der besten Sportfotografen im Iran, der zwei Fotogeschäfte führte und auch Sportler zu den Olympiaden begleitete. Sie repräsentierten für mich moderne, offene und tolerante Menschen und waren mir nicht nur in sportlichen, sondern auch in Alltagsgelegenheiten gute Ratgeber. Wir hatten bis dahin keinen näheren

Kontakt mit ihnen, denn in unserer traditionellen Familie war die Frau nicht gut angesehen, weil sie trotz ihrer Ehe mit fremden Männern in die Berge ging. Mit beiden verstand ich mich vorzüglich und kam über sie in den besten Bergsteiger- und Skiverband des Iran, zu dem auch eine gewisse sportliche und gesellschaftliche Elite gehörte. Nun lernte ich die richtigen Klettertechniken in verschiedenen Kursen kennen und wusste seit dieser Zeit, dass Bergsteigen mein Sport ist. Tischtennis, Volleyball, Fußball habe ich zwar auch gespielt, aber Bergsteigen regelmäßig und mit Leidenschaft betrieben. Mit sechzehn war ich einer der Jüngsten im Verein, eignete mir zügig alle notwendigen Fähigkeiten an und gab anschließend mit dem Zeugnis natürlich überall an. In der Zeit danach lernte ich viele Berge im Iran kennen und darüber auch das Land. Dabei traf ich Nomaden und übernachtete in ihren Zelten. Es gelang mir, das für diese Unternehmungen nötige Geld durch Unterricht oder später durch Schriftmalerei zu verdienen, denn ich wollte meinen Vater mit seinen acht Kindern nicht finanziell belasten. Bergsteigen hat nicht allein damit zu tun, dass man physisch anwesend ist, sondern man braucht auch ein bestimmtes Wissen und Erfahrungen. Das eignete ich mir leidenschaftlich an, über die Natur, über die Gefahren, über die Menschen, über das Leben. Mit diesem Wissen im Gepäck bestieg ich viele Berge im Iran, auch den höchsten Berg Damavand nordöstlich von Teheran, der etwas mehr als 5600 Meter hoch ist. Ihn bezwang ich zweimal von der einfacheren Südseite und mit neunzehn auch einmal auf der äußerst anspruchsvollen Nordostroute. In unserer dreiköpfigen Gruppe war ich der Verantwortliche, quasi der Bergführer. Darüber berichtete das Magazin des Bergsteiger- und Skiverbands positiv. Jedes Jahr wurde im Iran der beste Bergsteiger je nach Zahl der bestiegenen Berge und der Schwierigkeitsgrade gewählt – dazu gehörte ich nicht, aber ich gehörte zu den Aktivsten. Beim Bergsteigen habe ich eine innige Beziehung zur Natur aufgebaut und dabei erfahren, dass man von ihr sehr viel lernen kann. Wenn man ganz bewusst darüber reflektiert, wie alles geschaffen ist, kann man nur Respekt vor der Natur haben und darf nicht überheblich werden. Beim Klettern entscheidet nicht nur der Mensch, sondern auch die Wand. Man muss sie gut kennen, sonst stürzt man ab.

Allerdings verstand nicht jeder, was mir das Bergsteigen bedeutete und wofür es in meinem Leben stand. In unserer Straße betrieb ein Lebensmittelhändler sein Geschäft. Sein Sohn Abbas, ein ruhiger und freundlicher Junge in meinem Alter, half ihm gelegentlich. Wir waren befreundet und sprachen immer wieder über all die Dinge, die uns beschäftigten und so erzählte ich ihm auch immer wieder von meinen Erlebnissen in den Bergen. Manchmal fragte ich ihn, ob er nicht mitkommen wolle, und er antwortete mit Gegenfragen: „Warum machst du dir so viel Mühe, in die Berge zu gehen? Was hast du dort zu suchen? Ist es nicht gefährlich? Machen sich deine Eltern keine Sorgen?" Und so weiter. Meine Reaktion darauf war ebenfalls offensiv: „Ist es dir nicht langweilig, am Wochenende im Laden zu hocken? Ödet es dich nicht an, immer dasselbe zu tun? Willst du nicht erfahren, wie schön die Berge sind?" Abbas hatte ein einfaches und geschlossenes Weltbild. Sein Lebensziel war es, den Laden seines Vaters zu übernehmen, zu heiraten, eine Familie zu gründen und immer vor Ort zu bleiben. Was er suchte, war Sicherheit und Gewissheit im Leben und er schöpfte sie aus Tradition und Religion. Seine Familie war sehr fromm. Trotz dieser konträren Einstellungen blieben wir Freunde, ehe wir uns später aus den Augen verloren. An solchen Meinungsverschiedenheiten spürte ich deutlich, dass ich dabei war, einen sehr eigenen Weg zu gehen, der mich von anderen unterschied.

Das Bergsteigen nahm mich als Fünfzehn-, Sechzehnjährigen so sehr in Anspruch, dass ich mich wenig um Mädchen kümmerte. Zudem war die Cousine meiner Mutter im Verband eine absolute Ausnahme, denn Frauen wurde es häufig nicht zugestanden, Bergsport zu betreiben. Deshalb war sie auch die einzige Frau im Verband.

Das andere Geschlecht

Überhaupt gab es keinerlei Gleichberechtigung zwischen den Geschlechtern in der iranischen Gesellschaft, Tradition und Religion haben dies verhindert. In der Grundschule bis zur vierten Klasse hatten wir Lehrerinnen, ab der fünften Klasse unterrichteten uns nur noch Lehrer. Mädchen und Jungen lernten ausnahmslos in unterschiedlichen Schulen. Auch in der Familie schliefen die Jungen ab einem gewissen Alter in einem Zimmer, die Mädchen in einem anderen. Die Geschlechtertrennung wurde rigoros durchgesetzt, man passte sehr gut auf, dass Mädchen und Jungen nicht unbeaufsichtigt zusammen waren. Wenn man in die Pubertät kommt, wird man auf das andere Geschlecht aufmerksam, aber wir betrachteten uns aus der Entfernung mit Interesse und Sympathie, Nähe war nicht erlaubt. Immerhin: Gleichgültig waren mir die Mädchen nicht, trotz meines Hauptinteresses am Bergsteigen riskierte ich Blicke hinüber zum anderen Geschlecht.

In unserer Gasse lebte zusammen mit seiner Mutter ein etwa drei Jahre jüngeres Mädchen, das für iranische Verhältnisse auffallend blond war. Der Vater war offenbar schon gestorben. Mit fünfzehn oder sechzehn mochte ich sie sehr, aber es gab keine Möglichkeit, dass wir zusammen spazieren gingen oder etwas gemeinsam unternahmen. Ja, nicht einmal ein Gespräch auf der Straße war erlaubt, das wurde von allen Seiten kontrolliert, nicht nur von der Familie, sondern auch von den Nachbarn. Wenn zum Beispiel eine meiner Schwestern auf der Straße mit einem fremden Jungen gesprochen hatte, wurde meinen Eltern sofort erzählt: „Eure Tochter hat an jener Kreuzung mit einem fremden Jungen gesprochen." Dann musste die Schwester Rechenschaft ablegen und erzählen, wer dieser Junge war. Dieses erwähnte Mädchen aus unserer Gasse war mit meiner Schwester befreundet und ging daher bei uns ein und aus. Es bestand eine gewisse heimliche Sympathie zwischen uns beiden. Die einzige Möglichkeit, ihr zu sagen, dass ich sie nett fand, war ein Liebesbrief, denn ich hatte ja keine Gelegenheit, mit ihr ungestört zu sprechen. Also nahm ich all meinen Mut zusammen, schrieb ihr immer wieder kleine Liebesbriefe und steckte sie ihr zu. Anscheinend gefiel ihr das gut. Wir küssten uns aber nie, schauten uns nur freundlich an, redeten manchmal in der Dunkelheit kurz miteinander und hatten auf keinen Fall körperlichen Kontakt. Vielleicht nach einem Jahr fand die Mutter schließlich einen dieser Briefe und verpasste dem Mädchen eine Tracht Prügel. Anschließend kam sie zu uns und beschwerte sich, dass ich ihre Tochter verführen würde, obwohl gar nichts gewesen war. Seither durfte sie nicht mehr zu uns kommen. In unserer Familie sorgte das Thema für einige Gespräche. Mein Vater war in der Frage recht liberal und machte mir keine Vorwürfe, meine Großmutter war da schon kritischer, aber sie gab sich zumindest Mühe, zu meinem Vorteil zu schlichten. Nur meine Schwester war sehr böse auf mich, weil ich die Nähe ihrer Freundin gesucht hatte.

Einige Jahre später, als ich bereits die Aufnahmeprüfung für die Universität bestanden hatte, ich war neunzehn und sie sechzehn, kam sie einmal zu uns, um mit mir zu sprechen. Sie eröffnete mir, dass sie mich gerne heiraten würde. Das lehnte ich recht schnell ab, weil ich als Student ganz einfach kein Geld hatte. Sie reagierte sehr traurig, weinte und war unglücklich. Schon zwei Jahre später heiratete sie einen anderen, anscheinend war es einfach ihr Wunsch zu heiraten. Für mich hatte diese Geschichte mit dem Mädchen aber noch eine andere Konsequenz. In der neunten Klasse, als wir in der Schule die Wandzeitung herausgegeben haben, sprach es sich herum, dass ich Liebesbriefe schreiben kann. So kamen bald verliebte Jungen zu mir und fragten mich, ob ich das auch für sie machen würde. Das machte ich dann in der Tat einige Male und bekam dafür auch Geld. Wenn die Mädchen sich gegenseitig gekannt hätten, was glücklicherweise nicht der Fall war, wäre es wahrscheinlich schnell herausgekommen, denn der Text war immer der gleiche ... Aber im Grunde waren das alles unernsthafte Dinge, denn eine Beziehung unter Jugendlichen galt schlicht und ergreifend als nicht erlaubt. Mädchen mussten bei der Heirat auf jeden Fall noch Jungfrau sein, das war damals enorm wichtig, ja sie durften nicht einmal einen Freund gehabt haben, denn das hätte ihren Ruf nachhaltig geschädigt. Die traditionell religiöse Vorstellung, wonach die Frau, die Mutter, die Schwester die Ehre der Familie repräsentiert, durfte unter keinen Umständen angetastet werden.

Wenn eine Beziehung zur Schwangerschaft geführt hätte, hätte man zwangsweise heiraten müssen, wäre aber von den Eltern abhängig geblieben, weil junge Menschen in der Ausbildung ja kein eigenes Geld hatten. An der Universität lernte ich später eine junge Frau kennen, die keine Probleme damit hatte, mit mehreren Jungen ins Bett zu gehen. Dies trug erheblich dazu bei, dass sie wenig Respekt an der Universität genoss.

Mir persönlich war der Beruf jedoch um einiges wichtiger als Beziehungen zu Frauen. Als kleiner Junge, in der Grundschule, wollte ich inspiriert vom Berufsumfeld meines Vaters Pilot werden und wie ein Vogel hoch und weit fliegen. Später trat diese Idee in den Hintergrund, weil ich einige wirklich gute Lehrer hatte, denen ich nacheifern wollte. Schließlich ist das ja ein solider Beruf. Außerdem gab ich in der Schule schwächeren Schülern Mathenachhilfe, ich hatte also das Zeug zu unterrichten. Daher wollte ich eine gewisse Zeit lang unbedingt Lehrer werden und sprach auch mit meinem Vater darüber. Er war davon nicht begeistert, weil Lehrer schlecht bezahlt wurden. Im Iran entschied und entscheidet damals wie heute das Geld, das Materielle, wer du bist. Mein Vater wollte, dass ich Arzt oder Ingenieur werde, im Lehrerberuf sah er keine materiell gesicherte Zukunft. Geld zu verdienen galt mir dagegen als sekundär, es war wichtig, um sein Auskommen zu haben, aber nicht als Selbstzweck. Im Übrigen hätte eine Professorenstelle auch gar nicht so viel eingebracht, denn Bildung war im Iran zwar hoch angesehen, aber Lehrkräfte wurden nicht großzügig vergütet.

Als Student fand ich den Doktortitel auf jeden Fall erstrebenswert, denn er brachte sozialen Status, Anerkennung und Respekt ein. Ich wusste, dass dieser Titel für mich enorm wichtig war. Heute sagt meine Frau ironisch zu mir: „Wenn du im Iran Professor geworden wärest, müsstest du am Nachmittag Taxi fahren, damit du dein Geld verdienst.“ Im Iran war damals, ich habe es bereits erwähnt, Geld wichtiger als Bildung, und das hat sich bis heute nicht geändert. Bildung ist Status. Politiker in der gegenwärtigen Islamischen Republik streben auch nach dem Doktortitel, manche erschwindeln ihn sich sogar.

Universität und Militärdienst

Ein Muss war für mich das Abitur. Nach dem Abitur arbeitete ich zuerst ein Jahr, denn ich wollte nicht sofort mit dem Studium beginnen. Da ich die Kalligrafie als Beruf, nicht als Kunst beherrschte, schrieb ich Reklame an die Schaufenster von Geschäften und verdiente gutes Geld damit. Das gab mir wiederum die finanziellen Spielräume, an Wochenenden in die Berge zu gehen. Das Bergsteigen hat mich geradezu süchtig gemacht, ich wollte die Landschaft, die Natur genießen. Es tat mir so gut, psychisch, körperlich, ich war einfach glücklich. Wenn man es bildhaft ausdrückt, war ich mit den Bergen verheiratet und wollte diesen Zustand erst einmal nicht unterbrechen. Im Jahr danach bestand ich die Aufnahmeprüfung an der Universität, sogar ziemlich gut, und begann, Chemie auf Lehramt zu studieren. Im ersten Jahr kam ich recht flott vorwärts. Das Bergsteigen mit Freunden, auch mit einigen politisch interessierten Freunden, muss ich sagen, denn ich setzte mich mittlerweile kritisch mit dem Schahregime auseinander, nahm viel Zeit in Anspruch. Ich war kaum zu Hause, auch am Wochenende nicht. In der zweiten Hälfte meines ersten Jahres hatte ich eine Fortbildung in Didaktik für Analphabeten besucht und brachte an einer Abendschule dreimal pro Woche Erwachsenen das Lesen und Schreiben bei. Gleichwohl hatte die Universität eine große Bedeutung für mich, denn zum einen gehörte man zu einer Elite und war hoch angesehen. Mein Vater zeigte großen Stolz, dass sein ältester Sohn studierte. Und zum anderen saßen Frauen und Männer an der Universität zusammen, das hatte ich bis dahin nicht gekannt, man redete in den Pausen miteinander, ging zusammen in die Mensa, arbeitete zusammen, das war wirklich Neuland, was ich sehr genoss. Die Situation hatte eine große Offenheit, wir sprachen mit unseren Kommilitoninnen über die verschiedensten Themen, über Bücher, über die Zukunft und auch über die Liebe. Die Universität war für mich ein „Tempel des Fortschritts" (Stefan Zweig) in jeder Hinsicht. Die bestandene schwere Aufnahmeprüfung war ein Garant für den sozialen Aufstieg in der iranischen Gesellschaft, vor allem für die jungen Leute aus der Mittel- und Unterschicht, die sich ein Studium im westlichen Ausland mangels finanzieller Unterstützung nicht leisten konnten.

Das erste Jahr hatte ich fachlich keine Probleme und keinerlei Stress. Meine politischen, gesellschaftlichen, literarischen Interessen teilte ich mit anderen. Ein Freund nahm mich zu Lesungen bekannter iranischer Dichter mit. Im Verlauf meines zweiten Jahres richtete ich mich innerlich auf meine Zukunft als Lehrer aus, entschied mich aber dazu, zunächst die Promotion anzustreben. Da sie im Iran im Fach Chemie damals nicht möglich war, wäre ich auch bereit gewesen, dafür ins Ausland zu gehen.

Im ersten Jahr kannte man uns innerhalb unserer Fakultät schon, wir waren nicht auf den Mund gefallen und hatten offen über gesellschaftliche Themen diskutiert. Nach einigen Monaten des zweiten Jahres, im Frühjahr 1967, erging ein willkürlicher Beschluss des Kulturministeriums, wonach wir im Anschluss an zwei Jahre Studium erst einmal zwei Jahre lang die Praxis des Lehrerberufs kennenlernen sollten, und zwar nicht in Teheran, sondern irgendwo in der Weite unseres Landes. Später sollten wir zurückkommen und in weiteren zwei Jahren das Studium abschließen. Das gehörte jedoch nicht zu der Vereinbarung, die wir nach der Aufnahmeprüfung mit der Universität geschlossen hatten. Auf jeden Fall war es sehr enttäuschend und wir fühlten uns betrogen. Wie ging es an, dass das Kulturministerium so etwas beschloss, ohne uns zu fragen? Daraufhin kam es zu Protesten, die immer stärker und stärker wurden. Wir wählten Studentenvertreter, die mit der Universitätsverwaltung und dem Kulturministerium verhandelten, einer von ihnen war ich. Die Gespräche führten allerdings zu nichts, autoritär wurde uns beschieden, geht in eure Vorlesungen, macht keinen Ärger, sonst verweist man euch von der Universität. Diese Drohungen wollten wir natürlich nicht akzeptieren. Die Protestbewegung wuchs, Vorlesungen wurden vollständig boykottiert und es kam auch zu Demonstrationen innerhalb der Universität, ja zu einem Sitzstreik. Daraufhin wurde die Presse auf uns aufmerksam, die Bevölkerung nahm wahr, was bei uns passierte, und andere Universitäten solidarisierten sich mit uns. Die Sache wurde also im großen Stil publik. Wir ahnten schon, dass irgendetwas passieren würde. In einer Nacht, als wir dort schliefen, besetzten der Geheimdienst SAVAK und das Militär das Universitätsgelände. Man hatte Fotos von uns. Wir hätten über die Mauer fliehen können, aber wollten das nicht. Da saßen am Eingang der Universität die Vertreter der Staatsgewalt und führten einen nach dem anderen hinaus, während andere bleiben mussten. Zu diesen fünf oder sechs gehörte auch ich, weil ich die Proteste mitorganisiert hatte, sie steckten uns ins Polizeigefängnis und dann ins berüchtigte Ghezel-Ghaleh-Gefängnis. Gewalttätig waren sie nicht, aber man beschimpfte und beleidigte uns und schüchterte uns ein. Wir seien dumm und von ausländischen Mächten gesteuert, unterstellte man uns, Präsident Nasser aus Ägypten oder die Russen hätten uns gekauft. Dabei war das unerhörter Unsinn, es handelte sich um eine rein studentische Angelegenheit. Einige Zeit wussten wir überhaupt nicht, was Sache war. Nach zwei Monaten teilte man uns mit: „Ihr seid von der Universität suspendiert worden und müsst jetzt zum Militärdienst." Dies war in der Tat Gesetz im Iran: Wer nicht studierte, hatte zwei Jahre beim Militär zu dienen. Dafür schickte man uns in Gegenden, wo es entweder brütend heiß oder bitterkalt war. Man versuchte uns also „umzuerziehen". Auch Studenten anderer Universitäten waren von dieser Maßnahme betroffen und wir hielten alle gut zusammen. Die von der Universität verwiesenen Studenten waren meist gesellschaftlich aktiv und fachlich oft auch die besten. Das Regime war so ungeschickt, sich diese Aktivisten zu Feinden zu machen, anstatt sie zu integrieren. Jeder kritische Geist wurde und wird bis heute noch schnell als Feind abgestempelt. Abgesehen davon, dass wir uns gegenseitig kennenlernten und voneinander lernten, bedeutete der Militärdienst zwei Jahre verlorene Zeit. Als er im Herbst 1969 zu Ende war, fühlte ich mich unendlich erleichtert.

Meine Eltern machten sich große Sorgen über meine Zukunft im Iran und empfahlen mir, ins Ausland zu gehen. Auch ich empfand dies deutlich: Meine Zukunft lag nicht in meiner

Heimat! Zwar hätte ich wieder in Teheran studieren können, aber ich war so enttäuscht von diesem Land und diesem Regime. Meine Eltern hatten auch die Sorge, dass ich mich politisch radikalisieren könnte, wenn ich dabliebe. Einige derjenigen, die ebenfalls von der Universität suspendiert worden waren, blieben in der Tat im Land, gingen als Oppositionelle in den Untergrund und wurden irgendwann erschossen. Und es kam noch ein Weiteres hinzu: Damals war ich sehr in eine Studentin meines Fachs verliebt, die mich zwar auch wirklich mochte, aber mir nach den Ereignissen an der Universität zu verstehen gab, dass sie mich nicht heiraten könne. Ich sei zu politisch und repräsentiere keine Zukunft, auf die sie sich einlassen wolle. Das enttäuschte mich damals tief und machte mich traurig, aber sie war einfach pragmatisch, sie wollte eine Familie gründen und glaubte, dass dies mit mir nicht möglich sei. Auch der Schmerz über dieses Scheitern trieb mich aus dem Iran weg, ich wusste zunächst nur noch nicht, wo ich hingehen sollte. In den USA brauchte man für ein Studium viel Geld. Das Gleiche galt für die Schweiz und Großbritannien. Leute sagten mir: „Weißt du, Deutschland ist gut. Das eigentliche Studium kostet dort nichts, aber du musst arbeiten, um dein Leben zu finanzieren." Mein Vater hatte sehr positive Erfahrungen mit deutschen Kollegen bei Iran Air gemacht, er wusste auch einiges über Deutschland. Irgendwann waren meine Eltern so weit, dass sie sagten: „Wir unterstützen dich die ersten sechs Monate, danach musst du selbst für dich sorgen." Ihren vier Töchtern mussten sie im Falle der Heirat ja eine Mitgift stellen, was viel Geld kostete. Wenn ich aus einer reichen Familie gekommen wäre, wäre ich in die USA gegangen, wo damals viele hinwollten. So wurde es also Deutschland. Nachdem ich aus der Armee ausgeschieden war, bekam ich nach einigen Wochen mithilfe eines Bekannten meines Vaters ohne Probleme einen Reisepass. Dieser Bekannte nahm die Gelegenheit wahr, meinen Vater daran zu erinnern, dass ich im Ausland politisch keine Dummheiten machen solle. Die Episode an der Universität hatte also bereits die Runde gemacht. Mein Vater besorgte mir zum Angestelltentarif, sehr günstig für gerade einmal zehn Prozent des Preises, ein Flugticket nach München und äußerte den Wunsch, dass ich mich primär mit dem Studium beschäftigte.

Meine Familie und zahlreiche Freunde, auch von der Universität, bereiteten mir am Flughafen einen großartigen Abschied. Einige hatten mir davon abgeraten, ins Ausland zu gehen, und mich ermutigt, meine Chance im Iran zu suchen, andere hatten mich wiederum in meinen Plänen bestärkt. Zu meiner großen Überraschung kam auch die Freundin, die mich nicht heiraten wollte; ein wenig habe ich mich deswegen geschämt, es war ein Gefühl zwischen Freude und Trauer. Ich habe sie wirklich geliebt und empfand es als schwere Enttäuschung, dass unsere Beziehung an einem Endpunkt angelangt war. Vielleicht wäre ich für sie auch im Iran geblieben. Als ich bereits im Flugzeug saß, spürte ich eine eigenartige Atmosphäre und machte mir bewusst, dass ich einer unsicheren Zukunft entgegenging. Bevor die Maschine startete, kam der Pilot, ein Freund meines Vaters, zu mir und sagte: „Ich mache kurz die Tür auf, weil sich irgendjemand noch einmal von Ihnen verabschieden will." In der Abflughalle sah ich viele Menschen, erkannte aber niemanden genau und setzte mich wieder auf meinen Platz mit einem ambivalenten Gefühl gegenüber allem, was mir bekannt und vertraut war. Im Iran fühlte ich mich nicht unwohl, aber sah dort keine Perspektive mehr. Zugleich war ich in dem Moment glücklich über die Chance, meine Zukunft selbst zu gestalten, ohne Fremdbestimmung, ohne Angst. Als das Flugzeug abhob, hatte ich Tränen in den Augen, Freude und Trauer übermannten mich gleichzeitig. Als uns der Pilot mitteilte, dass wir den Iran verlassen hatten, atmete ich tief ein und aus. Jetzt bist du frei! Endlich bist du frei, jetzt kannst du wirklich deine Zukunft selbst gestalten, egal was passiert! Intuitiv wusste ich, ich muss es schaffen, ich werde es schaffen. Später fragte ich meine Eltern am Telefon, warum die Flugzeugtür noch einmal geöffnet wurde und wer sich denn von mir verabschieden wollte. Sie sagten: „Es war deine Freundin. Sie hat richtig geweint."

In der Tat – sie war die erste wirklich große Liebe meines Lebens. Dass sie mich auch mochte, dass sie mich liebte, das wusste ich, sie hatte es mir manches Mal gesagt, als wir spazieren gingen. Den entscheidenden Bruch meiner Liebe und der Loyalität zu meiner Heimat bedeuteten die Demonstrationen an der Universität, als ich, ein unschuldiger Junge, auf unseren Rechten beharrte. Ich wollte keine Regierung stürzen, ich war nicht von ausländischen Mächten gesteuert, wie jeder normale Mensch wollte ich studieren, arbeiten, heiraten. Durch diese Ereignisse wurde aber alles auf einmal gekappt. Im Nachhinein betrachtet war es wahrscheinlich ein Glücksfall. Es eröffnete mir eine Chance, im Leben weiterzukommen. Wenn ich im Iran geblieben wäre und dort geheiratet hätte, hätte ich das Land möglicherweise nach der Revolution mit der ganzen Familie verlassen, das ist durchaus möglich. Aber ich gehe mit absoluter Sicherheit davon aus, dass ich politisch geworden und in die Opposition gegangen wäre, denn ich konnte diese Repressionen nicht ertragen. Wer weiß, welches

Schicksal mich dann erwartet hätte. In jedem Falle war dieser Moment hoch über den Wolken auf dem Weg nach Europa zutiefst ambivalent, er bedeutete Befreiung und zugleich einen schmerzvollen Abschied, von dem ich noch nicht ahnte, wie endgültig er sein mochte. Die Welt, in die ich aufgebrochen war, hatte einen völlig anderen Charakter als die mir vertraute, wenngleich ich aus der europäischen Literatur und westlichen Filmen, aus Erzählungen meines Vaters und von Freunden zu wissen meinte, wie der Westen aussah. Trotz der Despotie im Iran war uns der Westen nicht feind, sondern freund und trotz unserer kritischen Haltung stand er in unseren Augen für Kultur und Wissenschaft, für Freiheit, Fortschritt und Rechtsstaatlichkeit. Im Flugzeug wusste ich, ich gehe nicht in die Hölle, sondern in die Freiheit. So kam ich mit einer positiven Einstellung nach Deutschland und sah die Chancen, die sich mir in dieser offenen Gesellschaft bieten würden. Dass Leistung dafür erforderlich war, wusste ich sehr genau. Meine Konstante blieb Bildung, Bildung, Bildung.

Zwei: Eine andere Zeit in einer anderen Welt – Studium und Promotion in Deutschland

München – erste Blicke auf ein neues Land

Auf meinem Weg nach Westdeutschland musste ich in Genf zwischenlanden und kam schließlich an jenem Abend im November 1969 am Münchener Flughafen an. Dank der Visumfreiheit für uns Iraner gestalteten sich die Einreiseformalitäten unkompliziert. Es fühlte sich dennoch geradezu surreal an: Ich war das erste Mal überhaupt im Ausland und gleich in einem völlig anderen Kulturkreis als dem, der mir wohlvertraut war, und sollte nun in dieser fremden Welt leben. Meine Vorfreude auf das, was kommen würde, war unbändig, zugleich verspürte ich eine gewisse Nervosität, sah alles mit großen Augen an und versuchte mich zurechtzufinden.

Freunde, die einige Tage vor mir nach München geflogen waren, hatten mir zu Hause noch glücklicherweise die Adresse ihrer Pension gegeben. Dort fuhr ich als Erstes hin und war sehr erleichtert, sie alle anzutreffen.

Am nächsten Tag gingen wir gemeinsam in der Innenstadt spazieren. Die Architektur der Häuser und die auffällig sauberen Straßen gefielen mir sehr. Zum ersten Mal sah ich eine Straßenbahn und dachte, dass sie wie eine Schlange umherfahre. Nach zwei Wochen fanden wir mit Hilfe eines anderen Landsmanns, der in München studierte, eine Wohnung am Stadtrand zur Untermiete bei einer älteren Dame. Sie war sehr freundlich, machte uns jedoch von Anfang an klar, dass es eine Hausordnung gab, die wir zu respektieren hatten. Dazu gehörte zum Beispiel, regelmäßig die Sanitäranlagen und Wohnräume sauber zu halten. In der Tat bestätigte sich schnell, was wir bereits gehört hatten, dass in Deutschland alles seine Ordnung hat.

Das empfand ich jedoch keineswegs als unangenehm. Überhaupt hatte ich von Anfang an ein positives Bild der Bundesrepublik, aus den Erzählungen meines Vaters, der als Mitarbeiter einer Fluggesellschaft ein offener Mensch war und über das Land auch einiges wusste, und meiner Lehrer war mir bekannt, dass es seit dem verheerenden Zweiten Weltkrieg eine sehr vorteilhafte Entwicklung genommen hatte. Zudem hatte ich zu Hause schon viel westliche Literatur gelesen und so manchen westlichen Film gesehen. Ich war also gut vorbereitet und gerne gekommen. Mit einem offenen und freundlichen Blick sieht man im Leben eher Dinge, die eine günstige Wirkung auf einen selbst ausüben. Trotzdem musste ich mich auch an manches für mich Befremdliche gewöhnen. Am Anfang fiel mir besonders die Regel auf, dass man auf dem Bürgersteig rechts gehen soll, was mir nicht behagte. In der Straßenbahn oder U-Bahn durfte man nicht laut sprechen oder lachen, sonst wurde man unfreundlich angesehen. Die Busse und Straßenbahnen kamen meistens alle pünktlich, im Gegensatz zum Iran. Dieses geordnete System empfand ich erst einmal als neu und überraschend. Der Orientierungs- und Anpassungsprozess, den ich im Laufe der Zeit durchlief, ließ mich bald erkennen, dass die deutsche Gesellschaft durch und durch strukturiert ist. Sowohl die individuelle Freiheit als auch die Berechenbarkeit im öffentlichen Raum vermittelten mir ein Gefühl, geschützt zu sein. Dabei wurde mir bewusst, wie wertvoll soziale Sicherheit ist.

Ganz besonders beeindruckte und wunderte mich, wie die Geschlechter häufig ohne Hemmungen frei und zärtlich miteinander umgingen. Junge Menschen umarmten und küssten sich auf der Straße – das war mir geradezu unheimlich, ich fragte mich, wo ich denn gelandet war, denn in meiner Heimat war so etwas völlig undenkbar!

Ein weiterer Unterschied zum Iran bestand darin, dass in den Supermärkten und Kaufhäusern viele freundliche Verkäuferinnen arbeiteten. Ich erinnere mich an Situationen, in denen ich das missverstand und das Lächeln einer Verkäuferin als Interesse an mir interpretierte. Später schämte ich mich für diese Gedanken, denn die Frauen entsprachen einfach der Rolle, die ihr Beruf ihnen abverlangte, das hatte mit meiner Person gar nichts zu tun. Heute ist mir natürlich klar, dass solche Missverständnisse aus vollständiger Unkenntnis der hiesigen Kultur entstanden, aber das war einfach meine Situation damals.

Als Neuankömmling beherrschte ich noch kein Wort Deutsch und musste also die Sprache völlig neu lernen. Über die Vermittlung eines anderen Iraners fanden meine Freunde und ich nach circa vier Wochen einen Deutschkurs an der Universität, den wir dann auch drei Monate lang ganztägig besuchten. In dieser Zeit eignete ich mir die Grundlagen der deutschen Sprache und ihrer Grammatik an und bestand die Abschlussprüfung problemlos.

Was die alltägliche Orientierung anging, so halfen mir meine Landsleute aus dem iranischen Studentenverein sehr dabei zurechtzukommen. Die Vereinsmitglieder trafen sich am Wochenende regelmäßig und für uns war es eine wunderbare Chance, Iraner kennenzulernen, die schon längere Zeit hier verbracht hatten, und von ihnen etwas über das Leben, Studieren und Arbeiten in Deutschland zu erfahren. Außerdem war es ein Stück Heimatersatz für uns.

Mit meiner Familie im Iran stand ich anfangs ausschließlich per Brief in Kontakt. In den ersten drei Jahren besuchte mich mein Vater dreimal in Deutschland. Später gab es eine direkte telefonische Verbindung, die man allerdings nur wenige Minuten nutzen konnte, weil sie viel Geld kostete. Meine Familie war nach wie vor froh, dass ich in Deutschland lebte und mich folglich nicht im Iran politisch radikalisieren konnte. Auf meiner Seite überwog die Freude über meine Zukunftsperspektiven und die Chance, mein Leben selbst zu gestalten, das Heimweh.

Nach den ersten sechs Monaten in Deutschland konnten mich meine Eltern finanziell nicht weiter unterstützen, denn sie hatten noch sieben Kinder zu Hause, denen sie ebenfalls eine Zukunft bieten wollten. Glücklicherweise fand ich im Frühjahr 1970 nach Abschluss des Deutschkurses einen ordentlich bezahlten Praktikumsplatz in der Chemiefabrik Schuchardt in Hohenbrunn bei München. Um dorthin zu gelangen, musste ich morgens sehr früh aufstehen, mit dem Regionalzug nach Hohenbrunn fahren und vom Bahnhof noch eine Viertelstunde zur Fabrik laufen, die mitten im Wald lag. Pünktlich um sieben Uhr begann meine Arbeit im Bereich der chemischen Synthese für Grundsubstanzen. Ich stellte vornehmlich organische Chemikalien in ein- und mehrstufigen Synthesen her. Dabei übte ich alle manuellen Arbeiten an Apparaturen von fünfzig bis 1500 Litern aus, wozu auch Filtrieren, Schleudern, Extrahieren und Rückflusskochen gehörten.

Obwohl mein Deutsch nicht so gut war und ich keine chemischen und technischen Kenntnisse des Arbeitsprozesses hatte, versuchte ich mir alles Notwendige so weit wie möglich anzueignen. Wegen meiner mangelnden Sprachkenntnisse unterliefen mir manchmal Ungeschicklichkeiten und Fehler. Zum Glück war mein Vorgesetzter sehr geduldig mit mir, er hatte Verständnis für meine Situation und half mir beim Lernen. Heute weiß ich, dass es eine schwere und gesundheitlich manchmal durchaus bedenkliche Arbeit war. Dafür war ich aber in der vorteilhaften Lage, fast die Hälfte meines Gehaltes zurücklegen zu können. Wenn ich also ein Jahr in der Firma arbeitete, konnte ich meinen Aufenthalt für ein weiteres Jahr finanzieren. Unter fachlichen Gesichtspunkten gelang es mir bei Schuchardt, mir die Grundlagen der chemischen Synthese und die technische Umsetzung anzueignen.

Die Praktikantenstelle wiederum verhalf mir zu meiner ersten einjährigen Aufenthaltserlaubnis von der Ausländerbehörde, die in den folgenden vierzehn Jahren bis zum Abschluss meiner Promotion immer wieder um ein weiteres Jahr verlängert wurde. In dieser Zeit lebte ich quasi in einem Schwebezustand. Eine offizielle Arbeitsgenehmigung hatte ich nicht und durfte in den Semesterzeiten nur begrenzt Studentenjobs annehmen. Während der Promotion bekam ich für fünf Jahre eine Stelle als wissenschaftlicher Assistent, unterrichtete Medizinstudenten im Fach Chemie und bezog von der Universität ein Gehalt.

Die Wochenenden verbrachte ich in München und unternahm mit den Freunden viel, es kam keine Langeweile auf. Ich kann sagen, dass ich mit meiner Situation zufrieden war. Fast regelmäßig besuchte ich den iranischen Studentenverein, wo wir politische Diskussionen führten, manchmal nahmen wir auch an Demonstrationen teil. Der Verein engagierte sich sowohl politisch gegen das Schahregime als auch sozial. Damals bemerkte ich zum ersten Mal, dass es unterschiedliche linke Gruppierungen gab, auch innerhalb des Studentenvereins, und jede versuchte, ihre Sicht der Dinge als die absolut wahre darzustellen. Politisch unerfahren und ohne theoretische Kenntnisse versuchte ich mich am Diskurs zu beteiligen. Zwar würde ich mich in der damaligen Zeit als politisch interessierten jungen Menschen bezeichnen, aber nicht als Aktivisten. Als ich nach Deutschland kam, wusste ich nicht einmal, was Marxismus/Leninismus bedeutete, ich hatte keine Ahnung, was Marx vertrat, wofür Lenin stand, was Stalin getan hatte. Mir ging es in erster Linie darum, Unrecht anzuprangern, und meine Haltung war überwiegend emotional statt reflektiert und vernünftig. Außer der Despotie im Iran hatte ich dabei insbesondere den Vietnamkrieg im Blick. Es widerstrebte mir zutiefst, was die Amerikaner dort veranstalteten. Die Atmosphäre war damals, Ende der Sechziger-, Anfang der Siebzigerjahre, sehr politisch, wir waren alle in irgendeiner Weise vom weltweiten Geschehen bewegt und mischten uns darum auf unsere Weise ein. Aber bei allem Interesse am Zeitgeschehen blieb mir auch stets bewusst, dass es mein wichtigstes Ziel war, an der Universität zu studieren; anderes hatte demgegenüber zurückzustehen.

In München gab es immer wieder Demonstrationen gegen den Vietnamkrieg, die am Geschwister-Scholl-Platz vor der Universität entweder begannen oder endeten. Daher erkundigte ich mich nach den Geschwistern Scholl und als man mir erzählte, dass sie Widerstand gegen das NS-Regime geleistet hatten und deswegen hingerichtet worden waren, empfand ich ihren Mut als überwältigend. Sie hatten Flugblätter, die zum Sturz der Nazidiktatur aufriefen, im Hauptgebäude jener Universität verteilt, an der ich die deutsche Sprache lernte – so bekam ich ein Bewusstsein für den Ort, an den es mich verschlagen hatte.

Apropos Demonstrationen: Als wir mit anderen Iranern an einer der zahlreichen Demos teilnahmen, war die Polizei präsent und schützte die Teilnehmer. Es war für mich wie ein Glücksmoment, zum ersten Mal in meinem Leben hatte ich ein Gefühl der politischen Freiheit! Alle demonstrierten friedlich, niemand wurde verhaftet. Im Anschluss gingen wir mit einigen iranischen und deutschen Teilnehmern in eine Kneipe. Ich konnte sehen, wie junge Männer und Frauen nebeneinandersaßen und diskutierten. Obwohl mein Deutsch nicht ausreichte, um alles zu verstehen, fühlte ich mich in dieser Atmosphäre sehr wohl. Die Meinungsfreiheit konnte ich geradezu riechen. Dieser Duft der Freiheit ließ mich an eine Frühlingsbrise in den Bergen Irans denken, wo ich mich frei und ungezwungen gefühlt hatte!

Die Arbeit als Praktikant in der Chemiefabrik Schuchardt strengte mich sehr an, ich kam regelmäßig müde nach Hause. Trotzdem versuchte ich an den Abenden stets noch Deutsch zu lernen. Insgeheim beneidete ich dann doch die Iraner, die von ihren Eltern finanziell unterstützt wurden und sich keine finanziellen Sorgen zu machen brauchten. Nur an den Wochenenden hatte ich die Möglichkeit, etwas zu unternehmen. Eigentlich wäre ich gerne in die nahegelegenen Alpen zum Klettern gegangen, aber da mein Deutsch noch nicht gefestigt genug war, fand ich niemanden, der mich begleiten wollte. Dass ich meiner Leidenschaft Bergsteigen nicht nachgehen konnte, lag mir auf der Seele. Auf der anderen Seite sah ich ein, dass es schon wichtiger war, Geld zu verdienen und bescheiden zu leben.

Der Start in Berlin

Während des Praktikums bewarb ich mich an mehreren Universitäten um einen Studienplatz in Chemie und bekam viele Zusagen wegen meiner guten Abiturnote im Iran. Dabei hätte ich auch etliche andere Fächer studieren können. Ein Freund erzählte mir, dass man in Berlin ziemlich günstig leben könne und es für Studenten ausgezeichnete Jobmöglichkeiten gebe. Deshalb fasste ich im März 1971 nach zehn Monaten Praktikum den Entschluss, nach Berlin zu ziehen.

Die Strecke legte ich mit dem Auto zurück und musste eine lange Wartezeit an der Grenze zur DDR sowie eine gründliche Kontrolle durch unfreundliche Zöllner in Kauf nehmen. Die geteilte Stadt nahm ich zunächst nicht richtig wahr, erst nach einigen Tagen kam mir die Mauer zwischen dem Ost- und dem Westteil voll zu Bewusstsein. Zum ersten Mal hielt ich mich in einer geteilten Stadt auf und empfand die Situation als bedrückend. Anfangs schien sie mir geradezu die Luft zu nehmen, aber ich akklimatisierte mich schnell. Später fielen mir beim Spazierengehen die Einschusslöcher aus dem Zweiten Weltkrieg auf. Im Vergleich zu München machte Berlin einen weit weniger gepflegten Eindruck.

Der nächste Schritt auf meinem Weg war das sogenannte Studienkolleg. Da wir im Iran nur zwölf Jahre zur Schule gingen, anders als in Deutschland mit seinen damals dreizehn Jahren, war ein Studienkolleg verpflichtend, um einen dem deutschen Abitur gleichwertigen Schulabschluss zu erwerben. Einen Platz zu finden war völlig problemlos, ich konnte gleich zum Sommersemester 1971 an der Freien Universität beginnen. Wir erhielten Unterricht in zahlreichen Fächern. Vor allem die Naturwissenschaften bereiteten mir überhaupt keine Probleme, ich konnte die Prüfungen darin aus dem Handgelenk ablegen, da ich ja im Iran schon zwei Jahre studiert hatte, wenn auch ohne Abschluss. Entscheidend war vielmehr, richtig gutes Deutsch zu lernen und saubere Aufsätze zu schreiben. Wer also am Ende des Studienkollegs alle anderen Fächer bestanden hatte, aber Deutsch nicht, musste wiederholen. Insofern war ich mir der Bedeutung der Situation bewusst und nutzte die Chance.

Auch während des Studienkollegs arbeitete ich, wie später mein ganzes Studium über, an den Wochenenden und in den Ferien, um Geld zu verdienen. Ich war jung und hatte keine Schwierigkeiten damit. Viele deutsche Kommilitonen fuhren in den Urlaub oder zu den Eltern, während ich froh war, dass ich Geld verdienen konnte, um mir ein Polster für das folgende Semester zu schaffen.

Nach dem Abschluss des Studienkollegs entschieden die Noten, die man dort erreicht hatte, wie auch die Abiturnoten in der Heimat über die weiteren Chancen. Mit sehr guten Noten durfte man alles studieren, anderenfalls war die Auswahl begrenzter. Ich befand mich in der Situation, dass ich formal nicht an meine Studien im Iran anknüpfen konnte, weil ich von der Universität verwiesen worden war und kein Zeugnis oder offizielles Dokument vorweisen konnte. So musste ich in Deutschland also wieder mit dem ersten Semester beginnen. Später stellte sich heraus, dass das seinen guten Sinn hatte. In jenem Moment wusste ich nur eines: Ich wollte unbedingt studieren! Aber auch ohne ganz konkreten Plan zu Beginn, wie ich dorthin gelangen sollte, trieb mich mein Wille an, der mir sagte, du wirst es schaffen. Einmal mehr zog ich Vergleiche zu meinem geliebten Bergsteigen: Den Gipfel sah ich, den Weg dahin musste ich durch Versuch und Irrtum finden. Wie lange würde es dauern? Ich hatte keine Ahnung, aber war mit der Bereitschaft, für meine Ziele zu kämpfen, in das Studienkolleg gegangen und hatte diese Aufgabe schon einmal bewältigt.

Insgesamt klappte in Berlin alles ausgesprochen gut: Ich bekam ein Zimmer im Studentenwohnheim sowie auch schon einen Studienplatz für Chemie und besaß zudem einige Ersparnisse, die mir die dringendste Sorge um das Auskommen in der folgenden Zeit nahmen. Meine Welt war vollauf in Ordnung. Um mein Deutsch zu verbessern, unterhielt ich mich im Gemeinschaftsraum des Wohnheims so viel wie möglich mit Deutschen; das war aber gar nicht immer so einfach, weil die meisten unter sich bleiben wollten und die Unterhaltung häufig nicht über Smalltalk hinauskam. So verbrachte ich den größeren Teil meiner Zeit mit iranischen Studenten. An den Wochenenden kochten und musizierten wir gelegentlich gemeinsam persisch. Einer spielte Geige und ich sang gerne, meine gute Singstimme war auch ohne Gesangsunterricht schließlich schon vor Hunderten Zuhörern bei einem Nowruzfest in München erprobt worden. Die Freude daran, meine Stimme vor anderen erklingen zu lassen, brachte ich in unsere Begegnungen ein. Dabei hatten wir viel Spaß und empfanden unser Zusammensein als kleines Stück Heimat.

Politisches und die große Liebe

Wie bereits in München schloss ich mich auch in Berlin 1971 wieder der iranisch-oppositionellen Studentenorganisation an, ohne mich dort besonders zu engagieren. Um voll mitreden zu können, reichte eine Antihaltung gegen den Schah allerdings nicht aus, das wurde mir immer deutlicher bewusst. Bei den linken Studenten musste man sich auch für eine bestimmte politische Richtung entscheiden und dabei standen der russische und der chinesische Weg als Hauptströmungen zur Wahl. Die meisten lehnten das sowjetische System als sozialimperialistisch, als auf die Weltherrschaft unter sozialistischen Vorzeichen ausgerichtet, ab und drängten die moskauorientierten Linken allmählich zurück. Stattdessen dominierten die Anhänger des kulturrevolutionären chinesischen Weges immer stärker die Szene. Die große proletarische Kulturrevolution in China richtete sich gegen revisionistische Tendenzen innerhalb der Kommunistischen Partei nach Moskauer Vorbild und war im Grunde eine Säuberungsaktion. Ich entschied mich für den chinesischen Weg, ohne viel Ahnung davon zu haben, es war eine emotionale, keine wirklich durchdachte Entscheidung. Damit zu tun hatte bestimmt auch die Rolle der iranischen Tudeh-Partei, die das sowjetische System im Iran installieren wollte und die man geradezu als fünfte Kolonne der Sowjets bezeichnen könnte. Später kam heraus, dass einige ihrer Mitglieder mit dem sowjetischen Geheimdienst KGB zusammengearbeitet hatten. Als Dr. Mossadegh 1951 zum Premierminister Irans gewählt wurde, verunglimpfte ihn die Tudeh-Partei als „Hund des Imperialismus", obwohl er das sicher nicht war. 1953, während des amerikanischen Putsches gegen ihn, rührte sie keinen Finger, um ihn zu unterstützen. Insofern brachte ich eine starke Antipathie gegen die Tudeh-Partei mit und zugleich gegen alles, was sowjetisch roch. Außerdem hatte ich 1968, als ich noch im Iran lebte, vom Einmarsch der Sowjets in Prag gehört und später auch erfahren, was dort alles geschehen war. Dabei wusste ich noch gar nicht einmal etwas vom Aufstand der Ungarn 1956. Diese Politik empfand ich als eine Art neuen Kolonialismus einer imperialistischen Macht im Namen des Sozialismus und hielt dies für völlig inakzeptabel. Die Maoisten waren demgegenüber eher bäuerlich und noch keineswegs imperialistisch. Wir lasen kleine Büchlein von Mao, in denen er seine Bauernrevolution dargestellt hatte, und sagten, das chinesische Modell sei richtig. Dass Mao ein Massenmörder war, der während der Kulturrevolution Millionen Menschen umbringen ließ, wussten wir damals nicht, wie wir auch noch nicht erkannten, dass diese maoistische Ideologie weder politisch noch gesellschaftlich in irgendeiner Weise relevant ist.

In den späteren Jahren stellte ich aus diversen Gründen mein vorsichtiges politisches Engagement ein, wurde immer kritischer und fing stattdessen an, politische Bücher zu lesen. Wie die DDR funktionierte, erfuhr ich aus den Büchern des Chemikers Robert Havemann (1910–1982) und des Philosophen Rudolf Bahro (1935–1997). Gedanklich beschäftigte ich mich mehr mit der Wissenschaft als mit der Politik, aber blieb dennoch neugierig. Die Demonstrationen zum 1. Mai machte ich immer mit, in den ersten Jahren stets ein fröhliches Ereignis. Dadurch erreichte ich mehr, als wenn ich mich damals in die politische Arbeit gestürzt hätte wie andere. Im Unterschied zu meinen Landsleuten, die in der iranischen Studentenorganisation aktiv waren und viel unter sich blieben, verbrachte ich von Anfang an, vom ersten Semester des Studiums bis zum Ende der Promotion, einen sehr großen Teil meiner Zeit mit deutschen Kollegen. Viele von ihnen waren links bis linksliberal orientierte, humane, fortschrittliche Menschen, ich lernte viel von ihnen, sie halfen mir auch immer, wenn ich etwas nicht verstand. Später erreichten sie einiges, weil sie leistungsorientiert waren. Gemeinsam demonstrierten wir gegen die Militärdiktatur in Griechenland, hörten dann zusammen Konzerte von Mikis Theodorakis und anderes, aber unsere politischen Aktivitäten hielten sich in engen Grenzen.

Zu unserer iranischen Studentengruppe im Wohnheim gehörten auch zwei junge Frauen. Eine von ihnen mit Namen Simin gefiel mir sehr gut, sie wirkte so positiv und lebensfroh und hatte außerdem einen schönen Humor, mit ihr konnte man viel lachen. Wir spielten öfter miteinander Tischtennis, dabei gewann sie meistens, was mir aber ganz und gar nichts ausmachte, immerhin hatte sie im Iran Regionalmeisterschaften gewonnen. Im Laufe der Zeit kamen wir uns immer näher, da wir uns sehr sympathisch fanden. Als wir uns eines Abends im Kino „Love Story" ansahen, berührte ich Simins Hand und freute mich unbändig darüber, dass sie sie nicht abwies, sondern fest in ihrer eigenen hielt. Ich empfand es als einen triumphalen Moment, trotz des entsetzlich traurigen Films. Nun war ich mir sicher, dass sie mich mochte, ein wunderschönes Gefühl durchströmte meinen Bauch. Auf dem Weg nach Hause umarmte ich sie und wir küssten uns. In diesem Moment wusste ich instinktiv, dass wir zusammengehörten, und mein Instinkt trog mich nicht – seither, seit über fünfzig Jahren, sind wir ein Paar und haben alle Höhen und Tiefen des Lebens gemeinsam erlebt und gemeinsam geteilt. Sie ist die wichtigste Person, eine konstante Stütze meines Lebens und ein Glücksfall. Dafür bin ich ihr aus tiefstem Herzen dankbar.

Damals war es keine Liebe auf den ersten Blick, sondern wir lernten uns in einem längeren Prozess kennen. Ohne dass wir es bewusst angestrebt hätten, ergab sich nach und nach eine immer größere Nähe zwischen uns. Simin erzählte mir später, dass meine Gesangsstimme einen tiefen Eindruck bei ihr hinterlassen habe. Für mich war sie eine unkonventionelle Iranerin, die etwas sehr Ungezwungenes, Offenes, ja auch ein wenig Wildes in ihrem Wesen hatte, was unter Frauen aus meiner Heimat recht selten vorkommt. Auch gefielen mir ihre Ehrlichkeit und ihre authentische Art, ich bekam nie das Gefühl, dass sie Hintergedanken hegte und in ihr etwas anderes vorging, als sie nach außen hin zeigte. Sehr bald danach sollte sich sogar herausstellen, dass sie einen starken Charakter hat und ein absolut loyaler Mensch ist, der auch in kritischen Situationen felsenfest zu einem steht. Geld spielte im Übrigen in unserer Beziehung keine Rolle, wir hatten beide keines. Sie wusste natürlich nicht, was aus mir einmal werden sollte, es hätte auch passieren können, dass ich beruflich scheiterte. Das Sicherheitsdenken, das viele Frauen bei der Partnerwahl pflegen, spielte bei ihr zu meinem großen Glück keine Rolle.

Noch während meiner Zeit im Studienkolleg, im Herbst 1971, musste ich erfahren, dass ich in einer Schrift iranischer Oppositioneller als Mitarbeiter des iranischen Geheimdienstes SAVAK bezeichnet wurde. Damals war ich ein politisch reichlich naiver und idealistischer junger Mensch und dachte, dass alle Oppositionellen, die sich gegen das Schahregime einsetzten, Freiheit und Gerechtigkeit im Iran befürworteten. Die iranische Revolution 1979 bewies das Gegenteil. Es kam ein repressives und totalitäres religiöses Regime an die Macht, das weder Freiheit noch Gerechtigkeit durchsetzte, sondern eine durch und durch reaktionäre politische Herrschaft. Die Verleumdung versetzte mir einen tiefen Schock und warf mich für einige Wochen völlig aus der Bahn. Wie konnte es sein, dass man ausgerechnet mir solch einen Unsinn anzuhängen versuchte? Trotz aller Bemühungen gelang es mir nicht herauszufinden, wer dahintersteckte, und so musste ich akzeptieren, dass diese niederträchtige Unterstellung in der Welt war. Immerhin hielten Simin und einige wenige Freunde fest zu mir, während andere sich von mir abwandten und verbreiteten, ich sei ein schlechter Mensch. Genugtuung bereitete mir dann der Moment, als nach der Revolution 1979, acht Jahre später, die Namen sämtlicher SAVAK-Mitarbeiter veröffentlicht wurden. Meiner war selbstverständlich nicht darunter, dafür aber die mancher Iraner aus Berlin. Ich musste an den Satz denken, dass die Zeit manchmal der beste Richter sei. Man muss warten können und geduldig sein. Es war schon auffällig, dass nach der Revolution die meisten im Exil Lebenden vorübergehend in den Iran zurückkehrten, aber einige, über die man sich deswegen wunderte, gingen nicht. Bald kam heraus, dass sie Angst haben mussten, verhaftet zu werden, weil sie für den SAVAK tätig gewesen waren.

Dieser destruktive und bösartige Geist hat in unserer Geschichte viel Unheil angestiftet und leider treibt er immer noch sein Unwesen. Erst fängt man mit einer Verleumdung an und wenn die Situation es erlaubt, endet man bei der Vernichtung. Diktatoren profitieren am meisten davon. Seit diesen Erlebnissen beurteile ich Menschen nicht nach dem, was sie sagen, sondern nach ihrer Haltung, die sie in kritischen Situationen einnehmen.

Ich bin Student der Chemie!

Nach dem Abschluss meiner Zeit am Studienkolleg war im Sommersemester auch der Moment gekommen, dass ich endlich mit dem Chemiestudium an der Freien Universität

Berlin beginnen konnte. An dem Fach interessierte mich ganz besonders die organische Chemie, konkret der Aufbau und die Umwandlung von Stoffen in lebendigen Systemen. Ein Teil der Fakultät befand sich an einem außerordentlich geschichtsträchtigen Ort im Villenviertel Berlin-Dahlem, denn bahnbrechende wissenschaftliche Leistungen wurden hier erbracht: Albert Einstein und Otto Hahn hatten hier ebenso geforscht wie Max Planck, Otto Warburg und viele andere. In den Zwanziger- und Dreißigerjahren des 20. Jahrhunderts entstand an der chemischen Fakultät und dem Harnack-Haus, einer Begegnungsstätte für Wissenschaftler, eine sehr besondere Gemeinschaft, zu der zahlreiche Nobelpreisträger gehörten. Hier wurde ein neues universelles Denken mit einer humanistischen Haltung gepflegt. Man kann es nur bedauern, dass viele jener klugen Geister in den ersten NS-Jahren emigrierten. Schon Zeitgenossen verglichen diesen Ort mit der Universität Stanford in Kalifornien in den USA, die ebenfalls viele renommierte Forscher anzog, und sprachen vom deutschen „Stanford“. Später gingen im Harnack-Haus auch Künstler, Industriekapitäne und Politiker ein und aus, nach 1933 Nazigrößen wie Goebbels und Speer. Sogar Widerstandsgruppen um Graf Stauffenberg und die Rote Kapelle trafen sich in diesem Haus. In diesem Viertel legte ich also mein Examen ab und promovierte später, ohne anfangs zu erkennen, welche Bedeutung der Ort hatte. Heute weiß ich: Was für eine Ehre!

Das deutsche Chemiestudium genoss im Iran und unter den Iranern, die hier studierten, einen sehr guten Ruf. Alle sagten, es befinde sich auf höchstem Niveau, und das habe ich später auch erlebt. Egal ob man Ausländer oder Deutscher war, was zählte, war fachliches Wissen und Können. Manchmal hatte man an der Uni sogar Verständnis für meine Fehler als Nichtdeutscher, weil man wusste, dass ich kulturell und sprachlich noch nicht ganz auf der Höhe war. Zu Beginn des Studiums hatte ich ein Wissen über die Naturgesetze erworben, aber das Verständnis bestimmter Theorien scheiterte einfach an meinen mangelnden Sprachkenntnissen. Nach und nach habe ich gut Deutsch gelernt und erkannt, dass dieses strukturierte System viele Vorteile hat.

Weiter beeindruckte mich sehr, dass die Bibliotheken an der Universität um vieles größer als im Iran sind. Es ist eine Welt für sich, die ich zum ersten Mal sah. Solche Unmengen an Büchern und die Studenten, die an den Schreibtischen arbeiteten, inspirierten mich, es repräsentierte so viel Wissen, und das kannte man im Iran in dieser Art nicht. Ich verspürte geradezu eine seelische Verwandtschaft mit den Büchern. Manchmal setzte ich mich einfach in die Bibliothek und betrachtete die Bücher aus einer Entfernung wie eine schöne Landschaft. Eine solche positive Haltung zu einem Land ist sehr wichtig für die weitere persönliche Entwicklung, Barrieren oder Vorurteile sollte man nicht im Kopf haben, sondern offen sein. Natürlich macht man immer wieder auch negative Erfahrungen, aber in meinem Leben in Deutschland überwiegt bis heute das Positive das Negative bei Weitem.

Im Studium lernte ich theoretische Grundlagen, Zusammenhänge und Gesetzmäßigkeiten sowie praktische Fähigkeiten. Während der Promotion vertiefte ich die Prinzipien des wissenschaftlichen Arbeitens sowohl theoretisch wie auch experimentell. Ich erkannte, dass ohne selbständiges Denken und strukturierte systematische Arbeit ein gutes Ergebnis nicht zu erzielen ist – nur eine stetige methodische Kontrolle führt dazu, dass sich ein Forscher bei seinen wissenschaftlichen Interpretationen diszipliniert und dadurch seine Aussagen präzisiert.

Warum wollte ich überhaupt studieren? Zum einen kenne ich den Drang in mir, immer mehr wissen zu wollen. Deshalb lese ich bis heute, soviel ich kann, um mich über aktuelle Entwicklungen ins Bild zu setzen. Ich habe einfach ein tiefes Interesse an Wissen. Zweitens vermittelten mir bestimmte Personen in meiner Kindheit und Jugend, dass Bildung immens wichtig ist, um im Leben etwas zu erreichen. Damit ist auch der dritte Grund verbunden, dass man durch mehr Wissen, mehr Bildung auch mehr über die eigene Situation wie auch über die Entwicklung der Gesellschaft reflektiert. Darüber wird es möglich, einen konstruktiven Beitrag für die Gesellschaft zu leisten.

„Der größte Feind des Wissens ist nicht die Unwissenheit, sondern die Illusion, wissend zu sein." Diese beeindruckenden Worte, die Stephen Hawking zugeschrieben werden, habe ich stets präsent, denn ich identifiziere mich damit geradezu. Er, ein brillanter Physiker und revolutionärer Kosmologe, ist für mich zudem eine Quelle der Inspiration hinsichtlich des Lebensmutes in scheinbar ausweglosen Situationen. Denn in dem Maße, in dem ihm die Fähigkeiten zur äußeren Bewegung abhandenkamen, wurde er gezwungen, seine inneren Freiheiten zu entdecken und das Leben sinnvoll und zuversichtlich zu gestalten. Als einer der größten Wissenschaftler unserer Zeit ermunterte er junge Menschen dazu, hinauf zu den Sternen und nicht hinab zu den Füßen zu schauen. Sie sollten versuchen, Erklärungen für das zu finden, was sie sahen, und sich nach dem Grund für die Existenz des Universums zu fragen: „Es ist entscheidend, dass ihr nicht aufgebt, lasst eurer Vorstellungskraft freien Lauf und gestaltet die Zukunft!"

Von Kind auf wollte ich möglichst viel wissen, das habe ich bereits angedeutet. Zuerst ging es natürlich um das Faktenwissen, das die Schule vermittelte. Aber ich verstand auch schon früh, dass einem Bildung das Leben eröffnet, und dies führt zunächst über die Schule. Später habe ich erfahren, dass glauben muss, wer nicht weiß. In despotischen und später totalitären Systemen wie dem im Iran herrschenden sind kritische Fragestellungen und allzu viel eigenständiges Wissen nicht erlaubt. Je weniger man weiß, desto mehr kann man an das System glauben.

Soweit ich mir mit meinen gerade einmal zwei Jahren Chemiestudium im Iran ein Urteil erlauben kann, so ging es in meiner alten Heimat an der Universität wie schon an der Schule immer sehr um Faktenwissen. Es war vorgegeben, was man zu lernen hatte, und ich passte mich an diese Anforderung an. Mehr war nicht erlaubt. Differenziert und strukturiert zu denken hatte im Iran keinen Platz.

Dies habe ich mir erst im Chemiestudium in Deutschland angeeignet. Wobei es in den ersten Semestern zunächst auch primär um Stoffwissen ging, aber in einem allmählichen Prozess erfasste ich, wie man wissenschaftlich denkt: dass man gezielten Fragestellungen nachgeht, methodische Ansätze entwickelt und Ergebnisse überprüft und erklärt. Ja, das Erklären ist entscheidend, das habe ich von der Naturwissenschaft gelernt, das Erklären kommt vor dem Verstehen. Vieles im Leben, allem voran die Religion, kann man nur glauben, es wird nicht erklärt, warum dies und jenes so ist. In der Naturwissenschaft dagegen kann, ja muss der Forscher seine Ergebnisse auch einordnen und erklären.

Der dänische Physiker und Nobelpreisträger Niels Bohr schrieb 1921: „Die Aufgabe der Naturwissenschaft ist es nicht nur, die Erfahrung zu erweitern, sondern in diese Erfahrung auch eine Ordnung zu bringen." Ein Beispiel dafür: Lange vor Bohr, im Jahr 1869, stellte der Russe Dmitri Mendelejew (1834–1907) das Periodensystem vor. Es war ein Geniestreich, der die Welt bis heute prägt. Damit gelang es Mendelejew, die Elemente nach Masse und chemischer Eigenschaft zu ordnen. In der Flut der damals bekannten Elemente erkannte er plötzlich ein Muster und brachte damit Ordnung in das Chaos. Ein solch strukturiertes Denken beeindruckte mich zutiefst und bestimmte meine eigene Arbeit entscheidend mit.

Wissenschaft strebt nach gesichertem Wissen. In der Naturwissenschaft bedeutet dies, das Wissen muss experimentell überprüfbar sein. Dadurch entsteht ein bestimmtes Weltbild, in dem Gott keinen Platz hat. Er ist in empirischen Gesetzen, in chemischen oder physikalischen Theorien keine zulässige Größe. Ein naturwissenschaftliches Argument kann sich nicht auf göttliches Wirken berufen. Das gilt auch für die Biologie, die Wissenschaft vom Belebten und vom Organischen. In der Naturwissenschaft gibt es drei empirisch untermauerte Grundsätze: Die Welt der Lebewesen besteht erstens aus der gleichen materiellen Basis wie die anorganische Welt. Zweitens, Zusammenhänge der organischen Welt können nicht im Widerspruch zu Sachverhalten der Chemie und Physik stehen. Drittens, die Grundsätze einer universalen Evolution gelten allumfassend. Wenn ich zudem in der Naturwissenschaft etwas erkläre, sollte die Erklärung eine kausale und eine funktionale Dimension aufweisen: Warum verhält sich dieser oder jener organische wie auch anorganische Zusammenhang genau so, wie er sich eben verhält? Und welche Funktion übernehmen die Eigenschaften der Moleküle, Atome, Elementarteilchen von Organismen? Von diesen fundamentalen Unterscheidungen hatte ich im Iran nichts gehört, sie erkannte ich erst als Chemiestudent in Deutschland. Zu diesen Einsichten gehört auch, dass die Chemie auf einem sehr geordneten System beruht.

Und noch einen weiteren bedeutenden Unterschied zwischen der iranischen und deutschen Gestalt der universitären Lehre muss ich anfügen: Im Iran war der experimentelle Teil zu meiner Zeit ganz schwach ausgeprägt, es gab höchstens einfache Labortätigkeiten oder Experimente. Hier in Deutschland erlebte ich, dass der experimentelle Teil bisweilen viel wichtiger ist als die theoretische Fundierung. Im Experiment versteht man, warum etwas wie verläuft, die Theorie schließt sich mitunter erst daran an. Den umgekehrten Weg gibt es natürlich auch. Einstein beispielsweise entwickelte durch seine geniale Denkweise Theorien, die erst spätere Experimente bestätigten.

Hochzeit mit Simin

Zunächst muss ich zeitlich noch einmal ein wenig zurückgehen: Als das Wintersemester 1971/72 begann, hatte Simin an die Universität Saarbrücken wechseln müssen, um dort ihr eigenes Studienkolleg zu absolvieren. Die weite Entfernung von mehr als 700 Kilometern von Berlin machte mir seinerzeit schwer zu schaffen. Aber was half es? Wir mussten es akzeptieren, wie es war, besuchten uns regelmäßig gegenseitig und intensivierten unsere Beziehung. Nach knapp einem Jahr, Ende des Sommers 1972, kehrte sie zurück, weil sie einen Studienplatz im Fach Biologie in Berlin bekommen hatte, und nun konnte uns nichts mehr trennen: Wir entschieden uns zu heiraten!

Wie es sich im Iran gehört, hielt ich vor unserer Hochzeit bei ihrem Vater um ihre Hand an. Dies tat ich in Form eines höflichen Briefes. Damals wusste ich nicht, dass ihre Familie bereits bei den Nachbarn meiner Familie Erkundigungen über uns eingezogen hatte. Glücklicherweise besaßen meine Eltern einen guten Ruf und so bekamen wir, trotz einiger Bedenken ihrer Eltern, am Ende die Erlaubnis, uns das Jawort zu geben. Wir heirateten am 16. Februar 1973 standesamtlich in Berlin-Steglitz. Ich trug lange Haare und Vollbart, wir beide waren ganz einfach gekleidet, ihre Schwester und ein Freund von mir traten als unsere Trauzeugen auf und außerdem nahmen noch zwei Freunde von uns an der Zeremonie teil. Aber auch für die kleine Hochzeit, die wir feiern wollten, brauchte ich doch ein wenig Geld und hatte mich deshalb an das Studentenwerk der Freien Universität gewandt, wo man zinslose Prüfungskredite beantragen konnte. Eine sehr hilfsbereite Frau dort wies mich darauf hin, dass ich einen Brief von einem Professor benötigte, wonach ich vor einer wichtigen Prüfung stehe, und gab mir ein paar kluge Tipps, wie ich das am besten anstellte. Dann ging ich zu einigen Professoren, denen ich natürlich nichts von der Heirat, sondern von wichtigen Klausuren erzählte. Mit diesen Bescheinigungen marschierte ich wieder zum Studentenwerk und bekam von der netten Dame einen Kredit über 300 oder 400 D-Mark. Damit konnten wir etwa dreißig Leute zur Hochzeitsfeier mit einfachem Essen und Musik in unsere Wohnung einladen, unter ihnen viele deutsche Studenten. Wir waren beide sehr glücklich und bauten uns nach und nach unser Leben auf. Meine Frau hatte manchmal auch Jobs, die ihr keinen Spaß machten, die sie aber mit ihrem festen Charakter standhaft bewältigte.

Im Sommer 1973 besuchte Simin ihre Familie im Iran. Aus verschiedenen Gründen konnte ich nicht mitreisen und blieb in Berlin. In jener Zeit kamen zwei deutsche Freunde, die ich aus dem Studentenwohnheim kannte, und fragten, ob ich mit ihnen und einigen anderen nach Marokko mitkommen wolle. Sie hatten zwei alte Autos, einen Mercedes 180 und einen VW-Bus. Diese Reise brauchte ich nicht einmal zu bezahlen und wir würden überall zelten. Der Vorschlag war so interessant, dass ich nicht Nein sagen konnte. Also reisten wir zu acht über Belgien, Frankreich und Spanien und setzten vom südspanischen Málaga mit der Fähre auf den afrikanischen Kontinent über. In der spanischen Exklave Ceuta in Marokko reihten wir uns an der Grenze in eine lange Autoschlange ein, in den meisten Wagen saßen junge Leute aus Europa. Als der Grenzpolizist kam, die Pässe kontrollierte und meinen iranischen Pass sah, wurde er auffällig freundlich. Er forderte uns auf, aus der Schlange herauszufahren, um nicht länger warten zu müssen. Auf unsere überraschte Frage nach dem Warum antwortete er, dass der Iran ein guter Freund Marokkos sei, Marokko sehr helfe und die beiden Könige sich gut verstünden. Obwohl ich den Schah nicht mochte, konnte ich einen gewissen Stolz über den Wert des iranischen Passes vor meinen deutschen Freunden nicht verhehlen. In vielen Städten, die wir besuchten, etwa Rabat, Marrakesch und Casablanca, gingen wir in den Basaren einkaufen; dabei gelang es mir, geschickt zu handeln, und wenn ich erzählte, dass ich Iraner sei, bekam ich noch einen Extrarabatt. Aufgrund meiner Herkunft genossen wir auf der Reise also viele Vorteile. Damals war es mit dem iranischen Pass noch möglich, in viele Länder ohne Visum einzureisen, das ist heute nicht mehr der Fall.

Weiterhin arbeitete ich neben dem Studium, manchmal auch hart körperlich, um unseren Lebensunterhalt zu verdienen. Wir wohnten nicht so komfortabel, wie man das heute kennt, und hatten eine eiskalte Erdgeschosswohnung. Zur Körperpflege sind wir ins Schwimmbad gegangen, weil das Warmwasser für unsere Badewanne aus dem Brikettofen nie gereicht hat. Eins war mir aber trotzdem wichtig: dass ich immer Musik mit schöner Akustik hören konnte. Für 1500 D-Mark kaufte ich eine Stereoanlage von Technics, das war damals eine Menge Geld. Aber so konnten wir Musik von Joan Baez, Bob Dylan, später Pink Floyd und vielen anderen hören. Unsere Freunde sind oft zu uns gekommen, wir machten Kartoffelsalat oder andere unkomplizierte Sachen und es gab Bier dazu. Die ohnehin schon etwas dunkle Erdgeschosswohnung dunkelten wir noch zusätzlich ab und feierten einfach schöne Partys. Solche Momente gehörten auch zum Leben dazu. Statt Geld hatten wir viele gute Freunde, mit denen wir es uns gut gehen ließen.

Die chemischen Bausteine des Lebens

Mein großes Interesse an der organischen Chemie festigte sich im Laufe des Studiums. Aus diesem Grund befasste ich mich für meine Diplomarbeit und später für die Dissertation intensiv mit der bioorganischen Chemie, insbesondere dem Verhalten der Naturstoffe und ihrer Synthese.

Durch die bioorganische Chemie eignete ich mir ein interdisziplinäres Denken zwischen Chemie, Biologie, Pharmazie und Medizin an. Ein Schwerpunkt dieses Zweiges meiner Wissenschaft liegt in der Anwendung bekannter Reaktionen und Synthesemethoden auf Naturstoffe, was ich dann auch als Schwerpunkt meiner Dissertation wählte. In der bioorganischen Chemie lernt man exemplarisch und fachübergreifend viele erkenntnisreiche Aspekte der Grundlagen unserer Lebensprozesse, das heißt die chemischen Geheimnisse des Lebens. Was sind die chemischen Geheimnisse des Lebens? Zunächst war für mich der Blick auf das Leben mehr abstrakt als konkret. Im Laufe meines Studiums und insbesondere während meiner Diplom- und Doktorarbeit im Bereich der bioorganischen Chemie machte ich mich mit dem Thema Leben aus einer naturwissenschaftlichen Perspektive vertraut. Ich erkannte, dass Atome, Moleküle, chemische Prozesse, Stoffwechselprozesse, um einige von ihnen zu nennen, Grundelemente und die kleinsten Bausteine der Chemie des Lebens sind. Unter Leben verstehe ich das Dynamische, das Prozesshafte, Vermehrung, Anpassung, Wachstum oder ganz allgemein Bewegung. Oder um es anders zu sagen: Das Leben ist im ständigen Wandel begriffen. Die Grundelemente des Lebens bilden, wie die lebenden Organismen selbst, ein Netzwerk von Prozessen, die in abgegrenzten Einheiten vor sich gehen. Darin sind die chemischen Bindungen mit anderen Atomen unabdingbar für die Bildung biochemischer Strukturen. Es wurde mir weiterhin bewusst, dass das einfachste lebende System eine Zelle ist. Menschen, Tiere, Pflanzen und Mikroorganismen, sie alle bestehen aus Zellen. Anders ausgedrückt: Ohne Zellen ist kein Leben vorstellbar. Die wichtigsten Voraussetzungen für das Leben der Pflanzen, Tiere und Menschen bieten Wasser und Sonne. Bei der unübersehbaren Anzahl chemischer Bindungen spielen sieben Moleküle als Träger des menschlichen Lebens im Laufe der Evolution eine sehr wichtige Rolle.

Mein Doktorvater Prof. Jürgen-Hinrich Fuhrhop und sein Koautor Tianyu Wang stellten in ihrem Buch „Sieben Moleküle: Die chemischen Elemente und das Leben" eindrucksvoll dar, wie diese von der Evolution auserwählten sieben „glorreichen" Moleküle jegliches Leben erst ermöglichen, nachdem die Sonne es vor sehr langer Zeit entstehen ließ. Die Zahl Sieben hat die Menschen immer fasziniert, auch in der Wissenschaftsgeschichte: die sieben Himmelskörper, sieben Tage, sieben Farben des Regenbogens und sieben Sinnesorgane.

„Die glorreichen Sieben"

„Waglule Tyatohre" ist eine für dieses Buch erfundene pseudochemische Formel, die die Namen jener sieben Moleküle zusammenfasst. Alle sieben spielen in den physiologischen Prozessen der Pflanzen, Tiere und Menschen, die man „Leben" nennt, anspruchsvolle Hauptrollen. Der „Vorname" Waglule bezieht sich auf die Baumaterialien **Wa**sser, **Glu**kose und **Le**cithin für die biologischen Verbindungen, quasi „Verkehrssysteme" der Bäume und Gehirne. Der „Familienname" Tyatohre bezeichnet die funktionellen Teile (Module) biologischer Maschinen, die den Verkehr der „Güter", also der Nahrungsstoffe, und „Nachrichten", also der über die Nervenbahnen übertragenen Informationen, sicherstellen: **Ty**rosin, **AT**P, **O**xy**h**ämoglobin und **Re**tinal.

Die sieben Moleküle enthalten insgesamt sieben verschiedene Atomarten, nämlich Schwefel S, Kohlenstoff C, Wasserstoff H, Sauerstoff O, Phosphor P, Eisen Fe und Stickstoff N. Daraus wurde das neue Kunstwort „SCHÖPFeN" geformt.

Die beiden Punkte über dem O symbolisieren dabei die Elektronenpaare, die die Elemente zu Molekülen verbinden.

„Waglule Tyatohre“ bezeichnet also die aus diesen sieben Atomen zusammengesetzten molekularen „Hauptgestalten“ des täglichen Lebens. Der Rest ist Kochsalz und anderes Beiwerk. SCHÖPFeN erfasst das Innere der Moleküle, den Charakter und das Wesen jener „Hauptgestalten“.

Über Kohlenstoff, Wasserstoff und Sauerstoff (CHO) verfügen mit Ausnahme des Wassers alle unsere sieben Moleküle. Diese Elemente bauen die Rohrsysteme, „Verkehrswege“ der Bäume, des Nervensystems, der Muskeln und des Blutkreislaufs. Stickstoff N kommt immer dann ins Spiel, wenn individuelle Beziehungen zwischen den Molekülen geknüpft werden, zum Beispiel zwischen den Basen des Erbmaterials oder den Aminosäuren der Proteine. Phosphor P ist das Element des elektrischen Stroms der Nerven und Muskeln, des Denkens, Fühlen, Sehens und der Zellteilung. Eisen Fe und Schwefel S erledigen das Verbrennen der Nahrung und liefern die Energie für Tier und Mensch. Die Kenntnis der sieben Moleküle lässt sich also als Schlüssel zur Welt der biologisch und medizinisch wirksamen Stoffe bezeichnen.

Diese sieben Moleküle bewegen sich wie Teile einer Maschine oder intelligente Ampelsysteme eines Verkehrssystems. Denn warum leben Bäume wie auch Menschen so lange? Weil ihnen die Moleküle in jeder Sekunde ihres Lebens auf den Wasserwegen der Wurzeln, Stämme und Blätter, der Muskeln, Nerven und des Gehirns frische Nahrung zutragen und ihnen die Möglichkeit geben, auf der wunderbaren Erde zu wachsen und zu gedeihen.

Folgende Moleküle sind aus den obengenannten sieben chemischen Hauptelementen zusammengesetzt:

Wassermolekül: Alles Wasser auf der Erde stammt ursprünglich aus dem Weltall und ist in seinem ewigen Kreislauf sowohl als größter Energiespeicher der Sonne als auch als wichtigstes Transportmittel in pflanzlichen, tierischen und menschlichen Organismen das dominierende Molekül des Lebens. Als Lösungsmittel des Kochsalzes übernimmt es für unsere Nervenimpulse eine ganz wesentliche Funktion. In flüssiger Form gibt es Wasser vermutlich nur auf unserer Erde.

Glukosemolekül: Glucose, also Zucker, entsteht bei der Fotosynthese der Pflanzen aus Kohlendioxid und Wasser mithilfe der Sonneneinstrahlung. Sie ist das zweithäufigste Molekül biologischen Ursprungs wie auch der wichtigste nachwachsende Rohstoff auf unserer Erde und dient als Treibstoff des Lebens und Energielieferant für Mensch, Tier und Pflanzen. Ohne Glucose könnte der Mensch nicht atmen, nicht denken, nicht laufen oder lachen.

Lecithinmolekül: Lecithin besteht überwiegend aus Fettsäuren und ist Bestandteil der Zellmembranen tierischer und pflanzlicher Lebewesen. Lecithinmembranen umhüllen biologische Zellen und bauen Stromquellen für Nerven und Muskeln auf.

Wasser, Glucose und Lecithin sind die wichtigsten Baustoffe im Aufbau des Lebens, aber auch vier weitere übernehmen unterschiedliche bedeutende Aufgaben: Die Aminosäure Tyrosin ist Bestandteil fast aller Proteine und Ausgangsstoff unterschiedlicher menschlicher Hormone. Sie wirkt zudem als Neurotransmitter, leitet also Signale durch die Nerven von einer Zelle zur anderen weiter. ATP (Adenosintriphosphat) als wichtigster Energiespeicher bei Mensch und Tier und universeller, unmittelbar verfügbarer Energieträger in den Zellen treibt die Kraftwerke des Organismus an. Oxhäm oder Oxyhämoglobin stellt dem Körper den aktiven Sauerstoff der Luft zur Verfügung, damit Nahrungsstoffe bei 37 Grad Celsius in Wasser verbrennen und in Energie umgewandelt werden. Weiter ermöglicht es den Transport des Luftsauerstoffs und dessen Herstellung in der Fotosynthese. Retinal schließlich ist ein Teil der Lichtrezeptoren der menschlichen Netzhaut und übersetzt das Licht in elektrische Signale. Damit sorgt Retinal dafür, dass der Sehnerv angeregt und der Sehvorgang ermöglicht wird.

Die ersten drei Moleküle funktionieren im Sinne von Grundmaterialien in Röhren wie zum Beispiel Adern, Gelen und Membranen, während die letzten vier die chemischen Wechselwirkungen oder Signalübertragungen über Nerven und Muskeln sowie bei Atmung und Sehen bewirken. In all diesen Molekülen ist Sauerstoff enthalten.

Damit nähere ich mich dem Thema meiner Doktorarbeit. Sogenannte Porphyrine bestehen aus dem oben erwähnten Oxyhämoglobin und spielen, wie von dem Chemiker Hans Fischer (1881–1945) ausführlich beschrieben, im menschlichen Stoffwechsel eine zentrale Rolle. Sie sorgen für den lebenswichtigen Transport des Blutsauerstoffs. Zusammen mit Eisen bilden sie bei Menschen und Tieren den roten Blutfarbstoff. Dieser Blutfarbstoff wird in Verbindung mit einem Protein zum Hämoglobin. Es hat die lebenswichtige Aufgabe, jeder Körperzelle Sauerstoff zur Verfügung zu stellen. Hämoglobin, das Pigment der roten Blutzellen, ist das am besten bekannte Hämoprotein. In anderen Zellen sind auch Hämoproteine wichtig für die Atmung und andere Funktionen, hauptsächlich für die in der Leber ablaufende Umwandlung von Gift- und Schadstoffen, wozu auch Dioxin gehört, das mich später über zwei Jahrzehnte beschäftigen sollte. Für die vollständige Synthese und den Nachweis der Strukturformel gewann Hans Fischer 1930 den Nobelpreis für Chemie. Max Perutz (1914–2002) ermittelte als einer der Ersten die dreidimensionale Struktur des Hämoglobins mithilfe der Röntgenkristallographie und wurde für diese Arbeit 1962 zusammen mit John Kendrew ebenfalls mit dem Chemienobelpreis ausgezeichnet. Daran sieht man, wie wichtig dieser Stoff ist. Eine Skulptur mit dem Namen „Heart of Steal" von Julian Voss Andreae in Lake Oswego im US-Bundesstaat Oregon veranschaulicht die Hämoglobinstruktur.

Viele biochemische Prozesse haben einen sogenannten kooperativen Charakter. Um ein Beispiel für Kooperation in der Natur zu nennen: Ein Hämoglobinmolekül kann mithilfe der Porphyrine vier Sauerstoffmoleküle binden. Aus logischen und statistischen Gründen wäre zu erwarten, dass mit jedem bereits gebundenen Sauerstoffmolekül das Bestreben, weitere Sauerstoffmoleküle zu binden, abnimmt. Untersuchungen zeigten jedoch, dass genau das Gegenteil der Fall ist, dass die Sauerstoffaffinität mit steigender Beladung sogar zunimmt. Bergsteiger zum Beispiel können auf ihrem Weg zum Gipfel deshalb mehr Sauerstoff aufnehmen – ein ganz bemerkenswerter Zusammenhang, der zudem zeigt, wie naturwissenschaftliche Forschung auch Gegebenheiten des praktischen Lebens erklären kann.

Außer beim Sauerstofftransport im menschlichen Blut haben Porphyrine in der Verbindung mit einem anderen Metall, Magnesium, die als Chlorophyll oder Blattgrün bekannt ist, eine große Bedeutung für die Fotosynthese bei Pflanzen. Die Fotosynthese ist ein biochemischer Prozess zur Erzeugung von energiereichen Biomolekülen aus energiearmen Stoffen mithilfe von Sonnenenergie. Dabei wird das Chlorophyll in chemische Energie umgewandelt und zum Aufbau von energiereichen organischen Verbindungen genutzt. So entstehen aus Kohlendioxid und Wasser Kohlenhydrate oder Glukose sowie, ganz bedeutsam, Sauerstoff. Vorgänge, bei denen Lebewesen energiereiche organische Stoffe aufnehmen, bezeichnet man als Assimilation, das heißt also Stoffwechselvorgänge, die körperfremde Stoffe umwandeln und dabei Energie verbrauchen. Bei der Fotosynthese wird molekularer Sauerstoff erzeugt, sie ist der einzige biochemische Prozess überhaupt, bei dem Lichtenergie in chemisch gebundene, also in Materie verfügbare Energie umgewandelt wird. Die ersten Symbiosen, also Kooperationen in der Natur, sind bereits in der Urzeit entstanden. Bakterienartige Lebewesen verleibten sich andere bakterienartige Lebewesen ein – die aber schon in der Lage waren, Fotosynthese zu betreiben. Es handelte sich dabei um Cyanobakterien, auch Blaualgen genannt; sie konnten mithilfe von Lichtenergie Wasser und Kohlenstoff in Glukose und Sauerstoff umwandeln. Ohne die fotosynthetisch aktiven Mikroorganismen hätte keine Pflanze entstehen können.

Im Lauf der Evolution wurden aus den Cyanobakterien die sogenannten Chloroplasten, die Miniorgane der Zellen, die Fotosynthese betreiben. Sie finden sich noch heute in jeder grünen Pflanze und sind für deren Stoffwechsel zuständig. Als Nebenprodukt entsteht Sauerstoff. Davon hängen indirekt auch nahezu alle sogenannten heterophoben, also nicht zur Fotosynthese fähigen Lebewesen ab, da sie ihr letztlich ihre Nahrung und ihren Sauerstoff verdanken. Ohne diesen Prozess könnten alle anderen Prozesse auch nicht stattfinden. Aus dem Sauerstoff entsteht außerdem in einer Höhe ab circa fünfzehn Kilometer über dem Erdboden die schützende

Ozonschicht, die sogenannte Stratosphäre, welche einen großen Teil der lebensschädlichen UV-Strahlung absorbiert, die ebenfalls von der Sonne ausgeht. Erst durch sie ist Leben auf der Erde möglich. Der Sauerstoff, den wir einatmen, stammt zu 99 Prozent aus der Fotosynthese der Pflanzen. Leben ist Atmung und Porphyrine ermöglichen Atmung, daher würde ohne Porphyrine kein Leben auf dieser Erde existieren. Wie wesentlich diese Erkenntnis ist, bestätigte 2022 ein Bericht der renommierten Zeitschrift „The Lancet" erneut. Nach einer Studie der Eidgenössischen Technischen Hochschule Zürich bietet die Natur selbst die effizienteste Maßnahme zur Klimarettung an – die Natur kann das Klima retten! Dafür wäre es nötig, bis zu einer Milliarde Hektar zusätzlichen Wald aufzuforsten, damit die Bäume bis zu zwei Drittel der von Menschen verursachten klimaschädlichen Kohlendioxidemissionen aufnehmen können. Die Erde könnte ein Drittel mehr Wälder vertragen, ohne dass dies zu Lasten der Städte oder Agrarflächen ginge.

Meine Aufgabe in der Doktorarbeit war es, erstens eine Synthese von chemisch verknüpften Porphyrinen vorzunehmen, das heißt, zwei Porphyrine so miteinander zu verbinden, dass sogenannte Dimere entstehen, und dort Paare von unterschiedlichen Metallen einzubauen. Ziel dieses Schrittes war, durch das unterschiedliche elektrochemische Potenzial der Metalle die Fotosynthese zu erforschen. Zweitens sollte ich wasserlösliche Porphyrine ohne Protein synthetisieren (im menschlichen Körper sind sie mit Proteinen verbunden), um sogenannte Vesikel, also Bläschen, synthetische Membrane wie im Körper, zu schaffen, damit sie die Porphyrine in verschiedene Organe transportieren können. Wenn wir Medikamente einnehmen, verteilen sich ihre Wirkstoffe durch die Arbeit dieser Vesikel im Körper. Meine Forschung diente also unter anderem dazu, Porphyrine in diese Vesikel einzubauen und sie so, anders als andere Vesikel, die nach wenigen Sekunden platzen, mehrere Stunden stabil zu halten, damit sie im Körper zu dem kranken Organ gelangen. Dies verursacht geringere Nebenwirkungen eines Medikaments und außerdem zeigt die Farbe als Indikator, wo das Vesikel im Körper angekommen ist. Dies wurde weltweit in großen Forschungsprojekten untersucht und ich übernahm einen kleinen Teil davon.

Wenn ich auf meine Promotion zurückschaue, so habe ich dabei verstanden, wie wichtig die Naturstoffe im Prozess des Lebens auf unserem Planeten sind. Wir unterschätzen die Klugheit der Natur und könnten von ihr vieles lernen. Ich bin zur Erkenntnis gelangt, dass ein Stoff wie Porphyrin als Grundgerüst für Hämoglobin bei Mensch und Tier und für Chlorophyll bei Pflanzen eine entscheidende Rolle im Leben spielt. Ohne Sauerstoff keine Atmung, ohne Atmung kein Leben. Wenn wir die Natur zerstören, zerstören wir zuerst unsere Existenzgrundlage.

Der Atem ist die Quelle der Lebensenergie. Eine asiatische Weisheit, die Gautama Buddha zugeschrieben wird, besagt: Das Erste, was der Mensch zu lernen hat, ist Atmen. Die Atmung steht am Anfang und am Ende des Lebens. Mit dem ersten Atemzug erblicken wir das Licht der Welt, mit dem letzten hauchen wir das Leben aus.

Für jeden Baum, den wir unnötig absägen, verstummt ein Vogel und ein Kind bekommt Atemnot. Jeder Atemzug ist eine Perle von unschätzbarem Wert. Sei deshalb aufmerksam und hüte jeden Atemzug gut, denn die Atemzüge sind gezählt, wie eine Sufi-Weisheit besagt.

Während ich diesen Text schreibe, erfahre ich, dass drei Wissenschaftler, die US-Forscher William G. Kaelin und Gregg Semenza und der Brite Peter J. Ratcliffe, für ihre Untersuchungen zur Sauerstoffversorgung von Zellen 2019 den Nobelpreis für Medizin erhalten. Auf die Atmung im Großen bei Menschen und Tieren folgt die Atmung im Kleinen, Zellatmung genannt. Sie sorgt dafür, dass die Zellen aus Nahrung und Sauerstoff Energie gewinnen – was eine der Grundlagen dafür ist, dass der Körper als ganzer funktioniert. Die Zellen atmen aber nicht nur; sie spüren auch, wie viel Sauerstoff sie gerade zur Verfügung haben und passen sich an, in größter Höhe beim Bergsteigen oder bei körperlicher Anstrengung. Auch bei Krankheiten wie Infektionen oder Tumoren fehlt den Zellen Sauerstoff. Nur wenn der Organismus von Mensch und Tier darauf reagiert, kann er überleben. Die Entdeckungen der Nobelpreisträger von 2019 ebneten den Weg für vielversprechende neue Strategien gegen Blutarmut, Krebs und zahlreiche andere Krankheiten.

In der Promotionszeit bin ich auch menschlich gereift und habe mich persönlich weiterentwickelt. Dazu gehört etwa der Lernprozess, wie man eine wissenschaftliche Publikation schreibt, also verständlich Daten und Fakten darstellt wie auch den Sinn und Zweck seiner Arbeit erklärt. Trotz Misserfolgen, die zwischendurch selbstverständlich immer wieder eintreten, gilt es, einen kühlen Kopf zu bewahren, durchzuhalten und die Kompetenz zu Problemlösungen zu entwickeln. Ich lernte dabei auch, dort Hilfe zu suchen, wo ich Hilfe benötigte, und den Rat der Kollegen anzunehmen. Damit wächst die eigene soziale Kompetenz. Zugleich bildet sich in einem solchen Arbeitsprozess das Bewusstsein dafür heraus, selbständig zu bleiben, einen eigenen Arbeitsstil zu pflegen und ergebnisorientiert zu denken und zu handeln. Während meiner Promotionszeit unterrichtete ich als wissenschaftlicher Assistent Medizinstudenten sowohl theoretisch wie auch praktisch in der organischen und anorganischen Chemie und konnte meine didaktischen Fähigkeiten dabei ausbauen.

Die Revolution im Iran 1979 und ihre Folgen

1978 kam Bewegung in die politischen Verhältnisse im Iran, die europäischen Medien berichteten intensiv darüber. Im Ausland organisierten iranische Studenten viele Aktionen, zum Beispiel gab es in Berlin einen kurzen Hungerstreik, an dem ich teilnahm, eine Protestaktion von zwei, drei Tagen. Auch wenn ich damals intensiv mit meiner Diplomarbeit und den Prüfungen beschäftigt war, verfolgte ich die Entwicklungen mit größtem Interesse. Nachdem ich meine Diplomarbeit eingereicht hatte, knapp zwei Wochen nach der Iranischen Revolution im Februar 1979, flog ich erstmals seit meinem Abschied zehn Jahre zuvor wieder in den Iran. Es war eine unbeschreiblich emotionale Situation. Manche von uns weinten im Flugzeug vor Freude, weil wir dachten, nun sei unser Land frei. Wie alle anderen empfand ich sehr großes Glück, dass das Schahregime gestürzt war, ohne zu überlegen, was danach kommen könne. Viele von uns waren davon überzeugt, dass es nur besser werden konnte und nicht schlimmer. Aber das Gegenteil sollte eintreten. Als ich frühmorgens mit der Iran Air auf dem Flughafen ankam, stand mein Vater glücklich und stolz vor der Treppe.

Wie er mir später gestand, hegte er die Hoffnung, dass sein ältester Sohn für immer im Iran bleiben würde. Auf dem Weg nach Hause sah ich an vielen Kreuzungen Barrikaden und bewaffnete junge Leute, die die Revolution verteidigten. Erneut stiegen mir Freudentränen in die Augen. Zu Hause wartete meine ganze Familie mit den Nachbarn vor der Tür und bald lagen wir uns alle in den Armen. Nach dem Frühstück zog mein Vater seinen besten Anzug mit Krawatte an und zeigte jedem Ladenbesitzer in unserer Straße, dass sein Sohn wieder da war. Einige Nachbarn aus unserem Viertel, die Armeeangehörige in der Familie hatten, waren während der Schahzeit in Distanz zu uns geblieben, weil sie wussten, dass wir keine Freunde des Schahs waren. Ein solcher Abstand zwischen Nachbarn ist im Iran unüblich und meine Eltern hatten darunter gelitten. Nach der Revolution befürchteten diese Nachbarn möglicherweise, jetzt würde meine Familie Rache nehmen, aber das war natürlich nicht der Fall. Nach ein paar Tagen kamen viele Menschen aus unserer Straße mit Geschenken zu uns, auch die ehemaligen Schahanhänger. Einige von ihnen taten dies wahrscheinlich aus opportunistischen Gründen, weil sie dachten, dass im neuen Iran etwas aus mir werden könnte, und wollten die Situation zu ihrem Vorteil nutzen. Dass sie nicht ehrlich waren, wussten mein Vater und ich schon damals. Aber es war in Ordnung, sie kamen zu Besuch, brachten Geschenke mit und wir zeigten unseren guten Willen.

Zwei Wochen blieb ich in Teheran und besuchte mit Freunden zusammen danach noch eine Woche lang einige weitere Städte im Land. Anschließend musste ich schnell nach Deutschland zurück, weil mir die erwähnte wissenschaftliche Assistenzstelle für fünf Jahre angeboten worden war. Ich unterrichtete von da an wie erwähnt Medizinstudenten im Fach Chemie. Im Jahr darauf, 1980, reiste ich zusammen mit meiner Frau und meiner 1977 geborenen Tochter Nassim erneut in den Iran, um auszuloten, ob das Land uns Chancen bot, die uns zum Bleiben hätten bewegen können. Aber was ich sah, entsetzte mich zutiefst. Die Nachbarn, die früher Schahsympathisanten waren, zeigten sich jetzt als extrem fanatische Khomeini-Parteigänger. Damals hatte sich im Iran auch eine Gegenbewegung gegen Khomeini und dessen islamistische Ideologie gebildet, aber sie wurde brutal unterdrückt. Als ich mit einem meiner Brüder und einer Schwester vor der Universität stand, fuhren Busse mit Schlägertrupps vor, die auf die Studenten rücksichtslos einprügelten. Wir nahmen so schnell Reißaus, wie wir konnten.

Während der Proteste der Studenten in Teheran ein Jahr nach der Revolution griff der Revolutionsführer Khomeini öffentlich die Universitäten als westlich orientierte Institutionen an. Universitäten seien gefährlicher als Streubomben, sagte er. „Die Universitäten sind die Ursache aller Übel in der Welt.“ Damit ermunterte er seine Anhänger, kritische Studenten massiv anzugreifen. Es war quasi ein Generalangriff auf die als westlich gebrandmarkte Wissenschaft. Ich sagte zu meinem Vater: „Die Wissenschaft bringt eine universelle Erkenntnis für die Menschheit. Es gibt keine westliche oder östliche Wissenschaft.“ Mein Vater entgegnete: „Er ist ein Mullah und für ihn ist nur der Glaube wichtig. Die Wissenschaft ist der Feind des Glaubens und die Universität als Einrichtung steht in Konkurrenz zur Religion.“ Später wurden die Universitäten im Iran im Zuge der von den Mullahs so bezeichneten Kulturrevolution für zwei Jahre geschlossen und unliebsame Hochschullehrer entlassen.

Insgesamt hatte sich die Stimmung völlig gedreht. Nachbarn, die in der Schahzeit Abstand von meinen Eltern hielten, taten es nun wieder, ja es kam auch zu offenen Anfeindungen. Einige Jahre nachdem ich mit meiner Familie wieder in Deutschland war, verkauften meine Eltern nach zwanzig Jahren das Haus, höchst ungern, aber es war einfach nicht möglich, weiter dort zu leben. Sie zogen in den Norden Teherans, wo niemand sie kannte. Eine meiner Schwestern, die Kontakt zu linken Organisationen pflegte, wurde verhaftet, ich glaube, die Nachbarn hatten sie denunziert. Nach ein paar Wochen kam sie wieder frei, weil sie nur Sympathisantin war. Einem meiner Brüder, der in einer ebenfalls linken Organisation sehr aktiv gegen das Mullahregime mitarbeitete, sagte der Direktor seiner Schule später: „Du musst die Schule verlassen, die wollen dich verhaften und haben sich bei mir über dich erkundigt." Auch hier vermuteten wir, dass die Nachbarn uns angezeigt hatten. Mein Bruder ging in eine andere Stadt, um das Abitur abzulegen, und als er eines Tages nach Teheran kam, um meine Eltern zu besuchen, wurde er verhaftet. Er blieb über anderthalb Jahre in dem berüchtigten Evingefängnis. Gott sei Dank wurde er vor der großen Hinrichtungswelle entlassen, der Zigtausende zum Opfer fielen. Anschließend versteckte er sich, floh bei nächster Gelegenheit über die Grenze und lebt heute auch in Deutschland. Ähnlich erging es einem meiner anderen Brüder mit Namen Djahangir, der in der Revolution sehr aktiv war und den Iran ebenfalls noch rechtzeitig Richtung Deutschland verlassen konnte. Seit über fünfunddreißig Jahren ist er in Berlin im Kulturverein Dehkhoda tätig, den er mit aufgebaut hat.

Meine Familie hatte also Probleme in der Schahzeit und auch nach der Revolution, weil sie in beiden Fällen nicht in die vorgegebenen Normen passte. Zwar waren meine Eltern in keinem Fall in der Opposition engagiert, aber dass ich von der Uni verwiesen worden war, wusste die ganze Straße. Deshalb hatte mein Vater mich nach der Revolution mit Stolz überallhin mitgenommen. Eine opportunistische Haltung zum jeweiligen Staat sorgte dafür, dass es nicht nur zwischen Nachbarn, sondern auch innerhalb der Familien zu einem Riss kam; mitunter denunzierten Eltern ihre Kinder oder andere Verwandte, die in manchen Fällen auch hingerichtet wurden. Das war eine unerträgliche Situation. All dies führte dazu, dass bei vielen schon sehr früh nach der Revolution eine tiefe Enttäuschung und Desillusionierung einkehrte. Diese Herrschaft der Mullahs brachte weder Freiheit noch Demokratie, sondern es entstand sogar ein totalitäres Regime – mit dem großen Unterschied, dass die Behörden des Schahs sich zumindest nicht in private Angelegenheiten einmischten und den Leuten vorschrieben, wie sie sich zu kleiden hatten. Das ist seit 1979 ganz anders, die religiöse Herrschaft versucht auch den persönlichen Raum zu kontrollieren. Zwei bis drei Jahre nach der Revolution waren alle meine iranischen Freunde sowie auch viele bekannte politisch Aktive und Intellektuelle wieder im Exil und beschlossen, eine oppositionelle, sozialdemokratisch orientierte Organisation zu gründen, die „Nationalen Republikaner im Iran". Ich war einer derjenigen, die sie in Paris ins Leben riefen. Einerseits machten wir deutlich, dass wir das Schahregime nicht zurückwollten, hielten aber andererseits auch Abstand zum islamistischen Regime. Wir waren einige Jahre aktiv, wobei ich mich nicht so sehr engagierte, weil ich überwiegend mit meiner Promotion beschäftigt war, aber ich unterstützte diese Organisation stets öffentlich. Zudem war ich auch sehr aktiv in der „Liga zur Verteidigung der Menschenrechte im Iran".

Auch andere politische Gruppierungen positionierten sich gegen das Mullahregime. Unser Programm bestand in Säkularismus, Frauenrechten, Freiheit und Demokratie, aber im Zentrum stand ein säkularer Staat als Gegenmodell zum islamischen Staat der Mullahs. Viele meiner Freunde waren sehr aktiv, veröffentlichten Artikel in Zeitungen und hatten weltweit Anhänger. Erst als es nach einigen Jahren zu keinem konkreten Ergebnis im Iran kam, ließ das Engagement nach.

Nach der Revolution 1979 haben viele, die daran beteiligt waren, Intellektuelle und Linke, von den Religiösen rede ich nicht, diese Revolution als schweren Irrtum bezeichnet. Wir waren davon überzeugt gewesen, wir seien Vorreiter in der Geschichte, und ahnten nicht, dass die Mullahs die Macht an sich reißen würden, weil die religiöse und die despotische Kultur in unserer Geschichte tief verwurzelt sind und sich ergänzen. Alle miteinander unterschätzten wir die Mullahs, wir hielten sie politisch für unfähig. Von Khomeini glaubten wir trotz Mahnungen weitsichtiger Politiker wie Shapur Bachtiar, er sei ein guter alter Mann, der in der heiligen Stadt Ghom herumgehe, und die Politik machten weltliche Persönlichkeiten. Ein Teil der Opposition ließ sich von seinen Versprechungen beirren. Der Fehler, den wir begingen, inklusive meiner Person, war, dass wir felsenfest glaubten, es komme allemal etwas Besseres, wenn der Schah gehe. Aber es kam nichts Besseres, es kam die Wiedergeburt eines längst vergangen geglaubten Zeitalters, das von völlig verkrustetem Denken geprägt ist. Dabei wäre Khomeini nie an die Macht gelangt, wäre Mohammad Reza Pahlevi rechtzeitig auf die Opposition zugegangen, hätte er irgendeine handfeste politische Reform eingeleitet. Als ihm schließlich die Felle davonschwammen, setzte er sich bei der erstbesten Gelegenheit ins Ausland ab.

Auf Jobsuche als frischgebackener Doktor

Wie erwähnt hatte ich jedes Jahr meine Aufenthaltserlaubnis bei der Ausländerbehörde zu verlängern, eine lästige, aber notwendige behördliche Prozedur. Auch im Jahr 1982 begab ich mich mit den erforderlichen Unterlagen ins Amt. Der Sachbearbeiter, der mich diesmal betreute, war unfreundlich und stellte Fragen, die ich als unsachlich und beleidigend empfand, mit wessen Erlaubnis ich etwa angefangen hätte zu promovieren. Die ganze Zeit sah er mich nicht an und provozierte weiter mit seinen Fragen. Ich versuchte ruhig zu bleiben und ihm die bestmöglichen Antworten zu geben. Schließlich konnte ich die Bemerkung nicht unterdrücken: „Ich bitte Sie, mich anzusehen, wenn Sie mit mir sprechen." Da wurde er sofort laut und schrie, dass er solche Unverschämtheiten nicht dulden könne. Danach wurde es still. Nach kurzer Zeit gab er mir meinen Pass mit einem in rot gestempelten „Ungültig" zurück. Er weigerte sich also, meine Aufenthaltserlaubnis zu verlängern, ja er hatte sie aufgehoben. Ich wusste nicht, wie ich reagieren sollte und war völlig irritiert und verunsichert. Es war so, als ob mir der Boden unter den Füßen weggezogen würde. Mein Körper reagierte mit Kopfschmerzen. Ich hatte eine Frau und eine fünfjährige Tochter sowie einen Assistentenjob an der Uni, mit dem ich unseren Lebensunterhalt verdiente. Simin machte mir Vorwürfe, warum ich denn nicht den Mund halten könne. Aber meinen Doktorvater Prof. Fuhrhop brachte dieses Verhalten der Ausländerbehörde in Rage und wir gingen gemeinsam zur Universitätsleitung, um die Sachlage darzustellen. Die Uni schrieb einen scharfen Brief, dass durch diese Entscheidung Wissenschaft und Lehre beeinträchtigt seien, und forderte die Ausländerbehörde auf, sie zurückzunehmen. Nach einigen Tagen begab ich mich nochmals mit der Kopie des Briefes zum Amt. Der Beamte vom letzten Mal war nicht da, wohl aber sein Vorgesetzter. Er erteilte mir die Aufenthaltsgenehmigung und ich konnte beruhigt wieder meinen Aufgaben nachgehen.

Unser aller Traum, in den Iran zurückzukehren, hatte sich als Illusion erwiesen. Die ersten Jahre dachten wir, dieses Regime würde wieder verschwinden, und deshalb dachten viele von uns auch nicht an ihre Zukunft in Deutschland. Als die Hoffnung auf einen Umschwung in unserer Heimat schwand, arbeitete ich ganz gezielt daran, meiner Familie und mir hier etwas aufzubauen. Das stand für mich zu hundert Prozent fest, für meine Frau sowieso. Sie sagte manchmal: „Wenn du in den Iran gehst, komme ich nicht mit, denn was die mit den Frauen machen, kann ich nicht ertragen." Also gab auch ich jeden Gedanken an eine Rückkehr auf.

Seit meiner Jugend und insbesondere seit meiner Studienzeit im Iran war die Promotion in der Naturwissenschaft ein sehnlicher Wunsch von mir. Mitte 1984, nachdem alle Promotionsverfahren endlich ordnungsgemäß abgeschlossen waren, überreichte mir der Leiter meines Fachbereichs in einer offiziellen Ansprache mein Promotionszeugnis. Es herrschte eine nüchterne und ganz und gar nicht festliche Atmosphäre. Ich war dennoch sehr stolz und glücklich, den Titel zu tragen.

Bald danach irritierte mich doch sehr, dass ich trotz über hundert Bewerbungen keine einzige positive Antwort bekam, nicht einmal zu einem Bewerbungsgespräch eingeladen wurde. Meine deutschen Kommilitonen, die fachlich nicht besser waren als ich, erhielten alle positive Antworten. Dies empfand ich als eine Diskriminierung aufgrund meiner Herkunft. Mein Doktortitel wirkte wie eine Einladungskarte für eine bessere Gesellschaft, aber die Tür war geschlossen und ich klopfte und klopfte dort an, aber niemand machte auf. Dies bedrückte mich sehr, aber ich gab nicht auf. Später sollte es mir mit Geduld und Beharrlichkeit gelingen, diese Tür zu öffnen.

Als nach Abschluss der Promotion klar war, dass ich mich mit meiner Familie dauerhaft in Deutschland einrichten musste, blieb mir keine andere Wahl, als einen Asylantrag zu stellen; eine Studienaufenthaltserlaubnis bekam ich nun selbstverständlich nicht mehr, meine Aufenthaltsberechtigung in Deutschland wäre unweigerlich ausgelaufen. Der Antrag wurde jedoch sehr schnell bewilligt, ich war als Oppositioneller bekannt und hatte keine Mühe, ihn zu begründen. Durch Vorträge, die Teilnahme an bestimmten Sitzungen und anderes erfüllte ich alle Bedingungen, um in Deutschland politisches Asyl zu erhalten.

Gegen Ende der Promotion lernte ich Herwig, den deutschen Mann einer koreanischen Freundin meiner Frau, kennen. Er hatte einige gute Ideen im Bereich Umwelttechnik und fragte mich, ob ich ihm beim Aufbau seiner Firma helfen würde. Ich sah darin eine Perspektive und war einverstanden. Ende 1983, Anfang 1984 gründete er die Entwicklungsgesellschaft für Energie und Umwelt mbH (EFEU) im Berliner Gründer- und Innovationszentrum an der Ackerstraße im Stadtbezirk Wedding, einem ehemaligen AEG-Gebäude, das zum Teil der Technischen Universität angegliedert war. Zunächst arbeitete ich locker mit und nach Abschluss der Promotion zwei bis drei Jahre lang intensiver. Dabei konnte ich Erfahrungen in Umwelttechnik sammeln, die ich als möglichen Berufszweig für mich ansah. Da genau in diesem Gebäude meine Enkelin Suri mehr als drei Jahrzehnte später fünf Jahre lang die bilinguale Schule Phorms besuchte, erzählte ich ihr, dass ihr Großvater hier einst gearbeitet hat und gute Ideen hatte. Was für ein wunderbarer Zufall!

Doch zurück ins Jahr 1984: Herwig hatte ein Verfahren entwickelt und sich patentieren lassen, womit Stickstoff aus Luft gewonnen wurde, um Nitratdünger dezentral herzustellen, ein Projekt, das in Nepal realisiert werden sollte. Ein weiteres Patent betraf Gaserzeugung aus organischen Abfällen, außerdem stand die Firma in engem Kontakt mit der Gesellschaft für Technische Zusammenarbeit GTZ, die praktische Entwicklungshilfe leistete. Ich unterstützte Herwig umfangreich, entwickelte zudem selbst ein Verfahren zur Abwasserreinigung. Dabei werden zwei Silikatschichten des Naturstoffs Bentonit mit bestimmten Techniken so weit auseinandergehalten, dass dazwischen ein Raum entsteht, der sich sehr gut für die Einlagerung von Chemikalien eignet. An diesem Projekt arbeitete ich zwei Jahre, verfasste anschließend eine Patentliteraturstudie und baute eine Versuchsanlage, vieles auch in Zusammenarbeit mit der Technischen Universität. Für die Versuchsdurchführung, die Ergebnisauswertung und die komplette Organisation musste ich Gelder akquirieren. So wandte ich mich zum Beispiel an die Firma Henkel in Düsseldorf, die in einem konkreten Projekt mit Abwasser beschäftigt war. Wir bekamen Unterstützung, wovon ich partiell auch meine Arbeit finanzieren konnte. Dies brachte mich auch persönlich weiter, denn so lernte ich, Projekte vorzustellen, Menschen zu überzeugen und Finanzmittel zu akquirieren, eine Stärke in mir, die ich bis dahin nicht gekannt hatte.

Trotz alledem befand sich EFEU Anfang 1987 in einer tiefen Krise. Herwig war fachlich sehr gut, aber er konnte weder wirtschaften noch organisieren und so blieben neue

Projektaufträge aus, Mitarbeiter gingen und die Firma geriet in eine immer ernstere Schieflage. Deshalb redete ich ehrlich mit ihm, dass ich keine Perspektive mehr sah, weil er auch auf niemanden hörte, und mir eine andere Alternative suchen würde. In diesem Gespräch musste ich feststellen, dass er weiterhin keine Einsicht hatte und nicht erkannte, dass es mit der Firma bergab ging. Stattdessen war er fest davon überzeugt, alles, was er machte, sei richtig. Ein Dreivierteljahr, nachdem ich weg war, musste er Insolvenz anmelden.

Trotzdem waren diese knapp drei Jahre in Herwigs Firma immens wertvoll für mich. Ich sah, wie Entwicklungshilfe funktioniert, und hatte sehr viel Kontakt mit der Industrie. Wie denkt die Industrie, wie pragmatisch arbeitet man dort, darin bekam ich sehr lebendigen Anschauungsunterricht. Und ich lernte, dass man Ideen praktisch umsetzen und ökonomisch denken muss, um Kunden sein Produkt zu verkaufen. Ohne diese drei Jahre hätte ich später in Bayreuth wohl nicht den Mut gehabt, eine Firma zu gründen. Danach wusste ich, ich kann es.

Drei: Bayreuth – vereint gegen ein „dreckiges Dutzend" Umweltgifte

Ankunft an der Bayreuther Universität und die Gründung von Ökometric

Mit den positiven Erfahrungen und dem neu gewonnenen Wissen aus meiner Zeit in der Entwicklungsgesellschaft für Energie und Umwelt im Rücken begann ich im Frühjahr 1987 erneut Stellenanzeigen zu studieren. Und nun ging alles unglaublich schnell. Nach ersten erfolglosen Bewerbungen entdeckte ich ein Inserat des Dioxinexperten Professor Dr. Otto Hutzinger aus Bayreuth, der Chemiker suchte, die im Umgang mit Verbrennungsprozessen geübt waren und über synthetische wie auch analytische Kenntnisse verfügten. Hätte es eine Stellenanzeige geben können, die besser auf mich zugeschnitten gewesen wäre? Denn genau diese Fähigkeiten hatte ich mir während meiner Promotion und in der Zeit bei Herwig angeeignet! Das Bewerbungsgespräch lief ausgezeichnet, Prof. Hutzinger bot mir die Stelle an und eröffnete mir sogar die Aussicht auf eine Hochschulkarriere. Ich war überglücklich und ließ mich auf das Abenteuer ein.

Sein Lehrstuhl für Ökologische Chemie hatte mit seinen zahlreichen Habilitanden, Doktoranden, Diplomanden und sonstigen Mitarbeitern eine beachtliche Größe. Als rund um den Globus anerkannter Umweltwissenschaftler, ja als *die* Autorität in Fragen des Umweltgifts Dioxin schlechthin betrieb er auch internationale Projekte außerhalb der Universität. Dies beeindruckte mich sehr und ich dachte mir insgeheim, mehr Chancen im wissenschaftlichen Leben kann man ja nicht erhalten. Auf den fachlichen Hintergrund zu den Umweltgiften, besonders die Bedeutung von Dioxin, komme ich gleich zu sprechen.

Sobald ich im Mai 1987 in Bayreuth angekommen war, stürzte ich mich in die Arbeit. Im September, zum Beginn des neuen Schuljahrs, holte ich meine Familie aus Berlin nach. Meine Aufgaben lagen in der Forschung über Dibenzodioxine und Dibenzofurane in Verbrennungsprozessen von Haus- und Sondermüll – hochgiftige Stoffe mit fatalen Auswirkungen auf Mensch und Natur. Prof. Hutzinger hatte die analytischen Methoden für den Nachweis der Dioxine entwickelt. Gemeinsam mit meinen Mitarbeitern entnahm ich für unser vom Bundesministerium für Forschung und Technologie gefördertes Projekt aus Müllverbrennungsanlagen Proben, synthetisierte mehrere Referenzstandards, das heißt, ich erstellte bis dahin noch nicht vorhandene Grenzwerte für meine Messungen sehr kleiner Mengen, und damit analysierte ich die Proben im Labor. Es gelang mir als erstem Forscher überhaupt, solche Vorlagen für gemischt chlorierte-bromierte Dioxine zu entwickeln; bei Referenzmaterial für nur chlorierte und nur bromierte Dioxine konnte ich immerhin schon auf die Vorarbeiten anderer aufbauen. Wenn ich zurückblicke, mit was für einem „Teufelszeug" ich damals umging, treten mir heute noch Schweißperlen auf die Stirn. Eine von diesen giftigen Substanzen, die ich in reinster Form im Milligrammmaßstab synthetisierte, war 2,3,7,8-Tetrachlordibenzodioxin, das sogenannte Seveso-Supergift, dazu erläutere ich gleich Näheres. Mein Hochsicherheitslabor lag am Ende des Korridors, getrennt von den anderen Bereichen. Der Zugang war für Unbefugte strengstens verboten und gesichert. Alle Mitarbeiter hatten intensive Schulungen durchlaufen und mussten eine ganze Reihe Sicherheitsmaßnahmen befolgen. Die Sicherheit dieses Labors gehörte in meinen Verantwortungsbereich als Projektleiter. Andere Mitarbeiter und Studenten mieden unsere Räume mit größtmöglicher Distanz und betrachteten uns fast wie Aussätzige, aber nur fast, denn man zeigte auch einigen Respekt vor uns.

Während ich mit der Synthese dieser Stoffe beschäftigt war, hatte ich einige Male Albträume, dass ich kontaminiert sei und mit entstelltem Gesicht unter Chlorakne leide, einer schweren, mitunter tödlichen Vergiftungserscheinung. Von diesen Träumen erzählte ich allerdings niemandem, nicht einmal meiner Frau. Das Sevesogift ist ein weißes Pulver und sieht für Laien völlig harmlos aus. Ich wusste aber, wie gefährlich diese Substanz ist, und behandelte sie mit größtmöglicher Vorsicht. Letztlich gelang es mir, das Gift in unterschiedlichen Formen, sogenannten Isomeren, herzustellen. Damit war der Weg frei für die Analytik jener neuen Substanzen, nämlich chlorierter, bromierter und gemischt chlorierter-bromierter Dibenzodioxine und Dibenzofurane. Der Erfolg unseres Projekts war die Voraussetzung für ein weiteres Projekt für das nationale Toxikologieprogramm.

Parallel dazu organisierte und leitete ich Seminare zum Thema Verbrennungsprozesse und Abwasserreinigung. Das gehörte zwar nicht zu meinen eigentlichen Tätigkeiten, aber Prof. Hutzinger gab mir seine Einwilligung dazu. Aufgrund der Erfahrungen am Lehrstuhl in der Ultraspurenanalytik, also der Prüfung kleinster Substanzmengen, erreichten uns viele Proben vor allem aus der Privatwirtschaft, die wir nicht alle untersuchen konnten, und es wurden immer mehr. Die Idee, dass Probeentnahme und Analytik von Dioxinen und verwandten hochtoxischen Stoffen ein zukunftsträchtiges Geschäftsmodell sein könnten, fing schon bald an, mich intensiv zu beschäftigen – aus meiner Zeit bei Herwig waren mir ökonomisches Denken und Projektakquisition schließlich vertrautes Terrain.

Der Gedanke, ein privates Institut zu gründen, reifte also in mir heran, aber ich hätte ihn natürlich nicht allein verwirklichen können. Also schrieb ich einen Businessplan und legte ihn Prof. Hutzinger vor. Er war begeistert von der Idee! Daraufhin sprachen wir mit der Universitätsverwaltung, dass wir die zu erwartenden Einnahmen der Firma dem Lehrstuhl für Drittmittelprojekte zur Verfügung stellen wollten, da wir mit den Geräten und zum größten Teil mit dem Personal der Universität arbeiten würden. Die Universitätsverwaltung zeigte sich sehr kooperativ und so gründeten wir die Firma im Jahre 1989. Sehr bald gelang es mir, eine Bank davon zu überzeugen, uns einen Kredit zu gewähren. Mit dieser Zusage fand ich ein geeignetes Gebäude, baute ein modernes Hochsicherheitslabor für hochtoxische Stoffe und bestellte die Analysegeräte. Ein chemisch-technischer Assistent, ein Analytiker vom Lehrstuhl, der zu Beginn Geschäftspartner wurde, aber nach kurzer Zeit aus der Firma ausschied, und weiteres Personal arbeiteten zunächst bei uns. Wir starteten sofort mit der Bekanntgabe der Gründung der Firma Ökometric GmbH, Bayreuther Institut für Umweltforschung, und der Akquisition. Der Erfolg gab uns recht: Die ersten Aufträge erreichten uns, bald konnten wir weitere Mitarbeiter einstellen. Von Anfang an lag der Schwerpunkt unserer Arbeit auf guter Qualität, also exakter Analytik von Dioxinen und verwandten Stoffen, sauberer Bewertung und eingehender Kundenberatung.

Als Projekt des Technologietransfers von der Universität in die Privatwirtschaft nutzte Ökometric seine Chancen und gewann früh Großkunden. Darüber hinaus engagierte sich das Institut in den ersten Jahren besonders in Untersuchungen bayerischer Müllverbrennungsanlagen. Wir prüften die Anlagen auf Herz und Nieren und analysierten alle Emissionen bei der Verbrennung von Müll. Mit wachsendem Bekanntheitsgrad untersuchten wir Müllverbrennungsanlagen in ganz Westdeutschland und sogar weltweit.

Das zweite Projekt der jungen Firma Ökometric war die Herstellung und Bereitstellung von chlorierten und bromierten Dioxinen – das heißt also von Dioxinen, die mit Chlor oder Brom eine Verbindung eingegangen waren – für das nationale Toxikologieprogramm zur Bekämpfung von Giftstoffen, das vom Bundesministerium für Forschung und Technologie gefördert wurde. In diesem prestigeträchtigen Projekt ging es darum, ein Qualitätsmanagement für die Spurenanalytik der Dioxine zu entwickeln, also ein Programm zur Qualitätssicherung und Qualitätskontrolle. Hier kamen mir meine Erfolge am Bayreuther Lehrstuhl bei der Entwicklung von Referenzmaterialien genau in diesem Bereich ganz erheblich zugute, denn ohne sie hätten wir nicht den Zuschlag für das Projekt erhalten. Die Kriterien für den Aufbau eines Hochsicherheitslabors und die Analytik der Dioxine stellten wir auf nationalen und internationalen Symposien vor und stießen damit auf großes Interesse.

Im Folgenden möchte ich ein wenig ausholen und unsere Arbeit mit persistenten organischen Schadstoffen (POPs, nach dem englischen Fachbegriff Persistent Organic Pollutants) im

Allgemeinen und Dioxinen als giftigsten Vertretern dieser Stoffgruppe im Besonderen in den größeren Sachzusammenhang der Chlorchemie einordnen.

Fluch und Segen der Chlorchemie

In meinem wissenschaftlichen und beruflichen Leben als Chemiker hatte ich mit zwei Elementen im periodischen System am meisten zu tun: dem Sauerstoff und dem Chlor. Beide Elemente befinden sich in reiner Form in gasförmigem Zustand. Der Sauerstoff ist ein lebensspendendes und lebenserhaltendes Element für Mensch und Natur. Gasförmiges Chlor dagegen schädigt und vernichtet Leben.

Die Natur hat den Sauerstoff sinnvollerweise im gasförmigen Zustand belassen, aber das Chlor in Form von chemischen Verbindungen gezähmt und nutzbar gemacht, wie zum Beispiel in Natriumchlorid, unserem Kochsalz, das auch auf den menschlichen Körper eine positive biologische Wirkung hat. Als verbindungsloses Element kommt Chlor in der Natur nicht vor; um es herzustellen, muss der Mensch Hand anlegen. Es ist einer der reaktivsten Stoffe überhaupt, der mit fast allen anderen Elementen, organischen wie anorganischen, sowie vielen Verbindungen reagiert. Dies bedingt große Gefahren durch das Chlor in reiner Form.

Prof. Otto Hutzinger hatte ein markantes Wort geprägt, das 1993 sogar der „Spiegel" aufgriff: „Gott schuf 91 Elemente, der Mensch ein gutes Dutzend und der Teufel eines, das Chlor." Dass sich der Mensch dieses teuflischen Stoffes bedient, bringt ihm manche Vorteile, richtete aber auch viel Leid an.

Bei der Erzeugung von Natronlauge, einem in der chemischen Industrie zu Beginn des 20. Jahrhunderts weit verbreiteten Verfahren, fiel elementares Chlor als unerwünschtes Nebenprodukt in großen Mengen an. Dieser Überschuss wurde größtenteils wiederum für die Synthese chlorhaltiger Verbindungen eingesetzt. Zu diesem Zweck entwickelte die Forschung zum Beispiel neue Farbstoffe, etwa künstlichen Indigofarbstoff und anderes, wobei auf einer Zwischenstufe der Produktion organische Chlorverbindungen verwendet werden können. Dass man noch vor dem Ersten Weltkrieg schwere Unfälle mit chlorhaltigen Substanzen beobachtete, hinderte die Industrie nicht daran, diese Stoffe weiter zu vermarkten. Denn das große Problem bei der Herstellung von Natronlauge war die Frage: wohin mit den großen Mengen an Chlor?

Trotz zunehmender Anwendung der chlororganischen Verbindungen als Zwischenprodukte änderte sich an den lästigen Überschüssen wenig. Im Ersten Weltkrieg wurde dieses Problem von Fritz Haber, dem Planer des deutschen Gaskrieges, in menschenverachtender Weise gelöst: Die deutsche Armee verwendete das in der Industrie überschüssige Chlor tonnenweise dafür, die französischen Soldaten damit zu beschießen. Die Kampfstoffproduktion brachte der chemischen Industrie während des Ersten Weltkrieges aus Abfällen eine Quelle guter Gewinne ein.

Nach dem Krieg stellte sich das Problem der Chlorüberschüsse erneut. Die Antwort lautete nun, Lösungsmittel und Kunststoffe daraus herzustellen. So kam es zur immer weiter wachsenden Produktion von chlorhaltigen Chemikalien nicht nur in Deutschland, sondern auch in den USA. Weltweit stieg der Chlorverbrauch in der Zellstoff- und Papierindustrie.

Allein in den USA wurde 1945 mehr als eine Million Tonnen Chlor verarbeitet.

Niedrige Strompreise, billig verfügbare Steinsalzvorkommen sowie eine großzügige Industrieansiedlungspolitik veranlassten in den Sechziger- und Siebzigerjahren internationale Chemiekonzerne, sich in der Bundesrepublik Deutschland in der Chlorchemie zu engagieren. Es wurde eine breite Palette von Produkten wie Kunststoffe, Lösungsmittel, Kunstfasern, Pestizide, Farbstoffe, Waschmittel und anderes hergestellt. Trotz zahlloser Vergiftungen, Katastrophenfälle und Umweltschäden dauerte es bis in die Achtzigerjahre hinein, ehe man die Chlorchemie insgesamt zu hinterfragen begann. Denn die Konsequenzen daraus sind fatal: Die Chlorverbindungen bleiben langfristig in der Umwelt, reichern sich in Organismen an, erzeugen Krebs, führen zu Erbgutveränderungen und schädigen das Nervensystem.

In den Achtziger- und Neunzigerjahren waren Waldschäden, Gewässerverschmutzung, Müllprobleme, klimaschädliche Schadstoffe wie FCKW und Dioxinverseuchung die Themen, die verschiedene Seiten eines einzigen Problems darstellten, nämlich das gestörte Verhältnis von Mensch und Natur. Trotz negativer Entwicklungen im Verhältnis beider wurden gleichzeitig Bausteine für eine positive Veränderung geschaffen. Durch neue analytische Verfahren und Methoden ließen sich die Ursachen von Umweltschäden immer genauer erforschen, was Ökometric auf dem Gebiet der Chlorchemie, insbesondere der persistenten organischen Schadstoffe, geleistet hat. Zu diesen Substanzen, die die Fachwelt mit dem Kürzel POPs bezeichnet, komme ich unten. Doch zunächst zu einer sehr besonderen Substanz der Chlorchemie, dem Dioxin.

Auf den Spuren des Ultragifts Dioxin

1976 schreckte die Welt auf. Bei einer Explosion in der Chemiefabrik Icmesa im norditalienischen Seveso bei Mailand verseuchte eine beträchtliche Menge des Giftes Dioxin die Umwelt. Bilder von entstellten Gesichtern, verendeten Tieren und evakuierten Wohnvierteln führten der Menschheit damals vor Augen, welche Gefahren ihr von diesem furchtbaren Gift drohen, das bis dahin nur Fachleute kannten.

Allerdings kam Dioxin bereits mehr als ein Jahrzehnt zuvor in einem mutwilligen Akt von Menschen gegen Menschen in weit größerem Umfang zum Einsatz, als in Seveso freigesetzt wurde: Zwischen 1961 und 1971 versprühten US-amerikanische Piloten im Vietnamkrieg mehr als 45 Millionen Liter des Pflanzengifts Agent Orange (fachlich korrekt 2,4,5-T) über dem Land, außerdem 27 Millionen Liter andere Pflanzenvernichtungsmittel. Sein Name ging auf die Farbe der Etiketten auf seinen Fässern zurück, in denen sich auch Tetrachlordibenzodioxin als unbeabsichtigte Verunreinigung befand, die zerstörerischste Form des Dioxins und zugleich das stärkste Gift, das Menschen je produziert haben. Mit Agent Orange entlaubte die US-Armee systematisch den Dschungel, um den Guerillakämpfern des Vietcong den Schutz zu entziehen, den sie für ihre Überraschungsangriffe brauchten. Die in den zehn Jahren eingesetzte Menge Agent Orange enthielt insgesamt 170 kg Dioxin. Es gelangt über den Boden und das Grundwasser in die Nahrung und löst einen schwerwiegenden Zerstörungsprozess aus. Auch Jahrzehnte nach dem Krieg belastet das Dioxin Vietnam: Unzählige Menschen leiden bis heute an Gen- und anderen gesundheitlichen Schäden, noch immer werden überproportional viele missgebildete Babys geboren, noch immer sind die Böden kontaminiert. Dabei wusste man damals bereits von der verheerenden Wirkung des Giftes, aber die Produzenten, darunter vor allem der Konzern Dow Chemical, der größte von neun Lieferanten der US-Armee, wiegelten so lange ab, bis die Nachweise erdrückend wurden. Erst in den Achtzigerjahren kam die Dimension der Mitwisser- und Mittäterschaft der Industrie in ihren Einzelheiten ans Licht, eine nennenswerte Entschädigung der vietnamesischen Opfer steht meines Wissens jedoch bis heute aus. Opfer unter den US-Veteranen wurden mit einem Entschädigungsprogramm abgefunden. Dass aber auch andere Mächte mit Dioxin zur Bekämpfung von unliebsamen Gegenspielern arbeiten, beweist die Vergiftung des westlich orientierten ukrainischen Reformpolitikers Wiktor Juschtschenko mit reinem Dioxin im Jahre 2004. Juschtschenko überlebte den Anschlag nur knapp. Man fand in seinem Körper gegenüber dem Normalwert eine 50.000-fach stärkere Konzentration reinen Dioxins.

Zu Unfällen bei der Herstellung von Pflanzen- und Insektenvernichtungsmitteln mit teilweise Hunderten von Verletzten war es außer in Seveso zum Beispiel 1953 bei BASF in Ludwigshafen, 1954 bei Boehringer in Hamburg und 1979 wieder bei BASF gekommen. Schlampiger oder auch krimineller Umgang mit dioxinhaltigen Abfällen brachte 1983 in Times Beach (USA) und in Hamburg Menschen in Gefahr und könnte auch für Missbildungen bei Babys verantwortlich sein. Mittlerweile weiß man, dass Dioxine auch bei nahezu allen Verbrennungsvorgängen von Substanzen aus Chlor, Kohlenstoff und Wasserstoff entstehen, insbesondere in der unkontrollierten Müllverbrennung. Mit diesem Problem beschäftigte sich meine Firma Ökometric besonders.

Unter rein chemischen Aspekten gehören Dioxine zu der Gruppe der sogenannten Chlorkohlenwasserstoffe, sie sind also Verbindungen aus Chlor und Kohlenwasserstoff. Wenn das Chlor mit dem Kohlenwasserstoff reagiert, das heißt eine chemische Verbindung eingeht, docken die Chloratome an bestimmten Stellen des Kohlenwasserstoffmoleküls an; ihre genaue Position charakterisiert den Stoff, der bei dieser chemischen Reaktion entsteht, und schlägt sich auch im Namen nieder. Das umgangssprachlich so bezeichnete Sevesodioxin heißt fachlich korrekt 2,3,7,8-Tetrachlordibenzodioxin – demnach lagern sich vier (griechisch tetra) Chloratome an den Ecken 2, 3, 7 und 8 von zwei (griechisch di-) aus Kohlenstoff und Wasserstoff bestehenden Molekülen des Stoffes Benzol an, wobei die Benzolringe wiederum mit zwei Sauerstoffbrücken miteinander verbunden sind. Das Chlor verwandelt also das ohnehin schon krebserregende Benzol in eine für Mensch, Tier und Pflanze geradezu höllische Substanz. Ähnlich aufgebaut und ähnlich schädlich wie die Gruppe der Dibenzodioxine sind auch die sogenannten Dibenzofurane.

Dioxin erwies sich als dreimal so krebserregend wie das Schimmelgift Aflatoxin B1, schon dies eine der gefährlichsten Krebs verursachenden Substanzen, die in der Natur vorkommen, und es ist noch 10.000-mal giftiger als Natriumcyanid, ein ähnlich todbringender Stoff wie Zyankali. Die tödliche Dosis des Dioxins bei der Maus beträgt 1 µg, das heißt ein Millionstel Gramm umgerechnet auf ein Kilogramm Körpergewicht, die des Natriumcyanids 10.000 µg/kg. Weit unterhalb der Dosis, in der Dioxine giftig sind, wirken sie als Suppressoren für das Immunsystem, das heißt, das Immunsystem reduziert seine Aktivität und liefert den Körper eindringenden Krankheitskeimen stärker aus. Diese

Wirkung tritt schon bei 1 ng/kg Körpergewicht bei Menschen auf, also einer Menge von nur einem Milliardstel Gramm, die weit unterhalb der eigentlichen Giftwirkung liegt. Dabei sind vor allem die 2,3,7,8-chlorierten Dioxine (und etwa genauso gefährlich die entsprechenden Dibenzofurane) die wichtigsten Verbindungen, denn sie bleiben lange im Körper.

International wurden sehr niedrige Grenzwerte für dioxinhaltige Emissionen festgelegt, es handelt sich um unfassbar winzige Mengen. Momentan liegen sie noch an der Grenze dessen, was die Analytik im Labor erfassen kann, was aber schon sehr weit reicht: Die Ultraspurenanalytik kann sogar ein Stück Würfelzucker im Bodensee nachweisen! Wir haben es hier mit einer Größenordnung von 10^{-12} bis 10^{-15} Gramm zu tun, also sage und schreibe den billionsten bis billiardsten Teil eines Gramms!

Ökometric auf dem Weg zum innovativen Marktführer

Von den großen Umweltproblemen der Menschheit zurück zu unserer kleinen Bayreuther Firma. Wir hatten uns natürlich auf die Anforderungen der Ultraspurenanalytik einzustellen und eine so präzise Arbeit zu leisten, wie sie präziser nicht sein konnte.

Für die Dioxinanalytik betrieben wir zwei Labore, eines für hochkontaminierte und eines für niedrigkontaminierte Stoffe, und wiesen ihnen jeweils die eintreffenden Proben zu – Luftproben, Bodenproben, Wasserproben, Chemikalien, Lebensmittel und anderes –, von denen wir wussten, wo sie hingehören. Hochkontaminiert waren in der Regel Stoffe aus

Haus- und Sondermüllverbrennungsanlagen sowie weiteren Industriestandorten, niedrige Werte erwarteten wir etwa bei Blut und Muttermilch bei Menschen, Fettgewebe bei Tieren sowie Lebens- und Futtermitteln. Wir mussten unsere Arbeitsabläufe so gestalten und die Messgeräte so voneinander getrennt halten, dass es zu keiner Kreuzkontamination kam, also keine toxischen Rückstände aus dem einen Bereich in den anderen gelangten. Die in die Unterdrucklabore gesaugte Luft wurde dreimal gefiltert, sodass sie um den Faktor zehn sauberer als draußen war. Selbstverständlich sorgten wir dafür, dass auch die Abluft gründlich gereinigt wurde.

Den Laborbereich betrat man durch eine Schleuse, wo sich alle umzuziehen, Überschuhe überzustreifen und umgekehrt beim Verlassen der Laborräume ihre Arbeitskleidung auszuziehen hatten. Gegenstände auf dem Weg von außen in die Labore oder aus den Laboren hinaus mussten eine gesonderte Durchreiche passieren. Meine Mitarbeiter waren sehr gut geschult. Jede und jeder übernahm die Verantwortung für bestimmte Aufgaben. Wenn Proben bei uns ankamen, wusste jemand im Aufnahmebereich, wie sie jeweils zu handhaben waren und wo sie weiterverarbeitet wurden. Im Labor durchliefen sie einen sogenannten Clean-up-Prozess, wobei die Dioxine von den anderen Stoffen getrennt und konzentriert in kleinen Ampullen zur Messung gebracht wurden. Messungen erfolgten nicht einmal, sondern zwei- bis dreimal. Alle Vorgänge waren exakt vorgeschrieben und wurden ebenso akribisch protokolliert.

Wir waren uns dessen bewusst, dass aufgrund unserer Ergebnisse Entscheidungen getroffen wurden – nicht nur ökonomische Entscheidungen, etwa eine Anlage wegen unzulässiger Emissionen stillzulegen, sondern auch politische

Entscheidungen. Man hätte uns bei möglichen falsch-positiven Ergebnissen, wenn wir also fälschlich erhöhte Giftwerte festgestellt hätten, verantwortlich machen und juristisch zur Rechenschaft ziehen können. Umgekehrt wäre es ebenfalls fatal gewesen, wenn wir eine tatsächlich vorhandene Kontamination nicht bemerkt hätten. Deshalb mussten wir unsere Arbeitsweise auch einmal im Jahr international überprüfen lassen und uns an Ringversuchen beteiligen. Dabei wurden bestimmte Proben von Dioxinen und anderen Stoffen in definierten Konzentrationen zusammen mit den Untersuchungsergebnissen an andere Labore weltweit verschickt. Auf diesem Weg ließ sich sehr genau überprüfen, ob die kontrollierten Labore sauber und exakt vorgingen. Die Ergebnisse der Ringversuche wurden international publiziert und so wussten unsere Kunden, wo wir im Ranking standen. Aufgrund unserer Erfahrung, unseres Know-hows, unserer bewährten Arbeitsorganisation und präzisen Arbeitsweise gehörten wir immer zu den Besten. Auf nationaler Ebene waren wir regelmäßig nach dem deutschen Akkreditierungssystem „Prüfwesen“ (DAP) akkreditiert. Zusätzlich waren wir auch nach Bundesemissionsschutzgesetz zugelassen. Eine solche Zulassung erfolgte nicht auf Dauer, sondern war regelmäßig neu zu beantragen. Jedes Mal wurden wir erneut geprüft und stets neu zertifiziert.

Aufgrund meiner umfangreichen Kenntnisse und beruflichen Erfahrungen in der analytischen Chemie wurde ich vom erwähnten deutschen Akkreditierungssystem Prüfwesen selbst zum Gutachter des Sektorkomitees Chemie ernannt. In dieser Funktion war ich als Auditor der Laboratorien der chemischen Industrie tätig. Später, bei meiner internationalen Tätigkeit als Experte des Umweltprogramms der Vereinten

Nationen (UNEP), konnte ich erfahren, wie wichtig die technischen Normen DIN, EN und ISO als strategisches Instrument im internationalen Handel und Wettbewerb sind. Darüber hinaus beruhen die Standardisierungsverfahren sowohl national wie international auf Kompetenz und Kooperation.

Im Verlauf meiner Tätigkeit als Unternehmer in Bayreuth wurde ich zweimal von mehr als 40.000 Mitgliedern der Industrie- und Handelskammer (IHK) Oberfranken in den Beirat der Organisation gewählt. In dieser Zeit war ich auch aktives Mitglied des Sachverständigenausschusses der IHK. Durch regelmäßige und aktive Teilnahme an den Sitzungen beider Gremien sammelte ich Kenntnisse und Erfahrungen in regionaler Wirtschaftspolitik. Meine Mitarbeit konzentrierte sich insbesondere auf die Bereiche regionale Wirtschaftsförderung für junge Unternehmer und Umweltschutz. Außerdem hielt ich darüber auch Vorträge an der Universität Bayreuth, um die Zukunftsperspektiven mutiger und innovativer junger Menschen auch in der, wie man so sagt, strukturschwachen Region Oberfranken zu verbessern. Im regelmäßigen Kontakt und Erfahrungsaustausch mit den anderen Mitgliedern meiner Gremien erhielt ich die Chance, mir von ihrem unternehmerischen Denken und Handeln wie auch ihrem Organisationsgeschick einiges abzuschauen – was ich wunderbar genutzt habe. Es war eine sehr konstruktive Zusammenarbeit in großem gegenseitigem Respekt.

All dieses Engagement wie auch unsere Qualitätsansprüche gewannen uns das Vertrauen der Kunden. Weltweit standen wir in der Exaktheit der Analytik im Vergleich zu den Japanern und US-Amerikanern sogar um den Faktor zehn besser da. In all den Jahren waren wir auch nie mit gerichtlichen Regressforderungen aufgrund falscher Messergebnisse konfrontiert. Dieses Vertrauen der Kunden, dieses Renommee führte wiederum dazu, dass wir Aufträge bekamen, das Unternehmen florierte und ich meine Mitarbeiter gut bezahlen konnte. Im Nachhinein kann ich sicher sagen, dass ich das dafür nötige exakte Denken und das präzise Arbeiten auch der deutschen Denkweise verdanke. Da gibt es keinen Kompromiss, keinen Grund, die Sache nicht ernst zu nehmen. Auch durch unsere wöchentlichen Besprechungen, unsere penible Dokumentation aller Ergebnisse wussten wir stets genau, wo ein Fehler lag und wie man ihn beseitigen konnte, sei es bei uns Menschen, sei es bei den Instrumenten oder auch in der System- oder Arbeitsorganisation. Wir sprachen ständig über diese Thematik und wussten, dass unsere Zukunft von der gleichbleibend hohen Präzision unserer Arbeit abhängen würde.

Einmal waren wir auch an der Aufdeckung eines handfesten Skandals beteiligt, es ging um den sogenannten Dioxinskandal in Belgien im Jahr 1999. Dort waren Futtermittel weit höher als erlaubt kontaminiert. Zuerst schaltete uns Greenpeace ein, dann erhielten wir weitere Proben. Ökometric gelang es mit sogenannten Clustern oder Fingerprint nachzuweisen, woher die Kontamination kam: von PCB-Altöl! Eine belgische Firma hatte Komponenten aus Altöl an Hersteller von Futtermitten geliefert und dabei waren Dioxin und PCB entstanden, die über die Tiere in die Nahrungskette gelangten. Das war hochkriminelles Handeln und wirbelte auch entsprechend viel Staub auf.

Für uns ging es nicht nur darum, Ergebnisse zu liefern, wie hoch die Konzentration von dieser oder jener Substanz ist, sondern auch um eine angemessene Beratung. Unsere Kunden wussten, dass wir ihnen helfen würden, die Ursache für ihr Problem zu orten und zu beseitigen. Im einen Fall konnten wir zum Beispiel sagen, hier geschieht eine unvollständige Verbrennung, im anderen darauf hinweisen, dass der Stoff für den Futtermittelbereich nicht geeignet ist oder Ähnliches. Entscheidend war dabei stets die Frage: Woher kommt eine Kontamination? Wenn wir diese Frage beantwortet hatten, konnten wir den Kunden dabei beraten, wie er das Problem am besten abstellte. Diese Fähigkeit zeichnete Ökometric aus, sie hatten viele andere Labore nicht zu bieten und mit ihr machten wir uns im Laufe der Jahre einen guten Namen.

Nach und nach gewann Ökometric also an Ansehen und beteiligte sich an verschiedenen nationalen und internationalen Projekten, darunter auch an der Untersuchung von Produkten inklusive Probeentnahme, Analytik und Bewertung sowohl im Hinblick auf gesetzliche Vorgaben als auch zum Zwecke der Produktinformation und Produktdeklaration. Ökometric untersuchte Paletten von Produkten verschiedener Art und erarbeitete etwa bei Kunststoffen und Leiterplatten ein innovatives Verfahren, mit dem sich klären ließ, welche Stoffe bei thermischer Belastung und Verbrennung von Kunststoffprodukten unter standardisierten Bedingungen von hundert bis tausend Grad Celsius entstehen. Wie sind die freigesetzten Stoffe nach umwelt- und ökotoxikologischen und den Menschen betreffenden humantoxikologischen Gesichtspunkten einzustufen? Auf diese Fragen gaben Ökometric-Untersuchungen Antwort. Außerdem beteiligte ich mich mit Vorträgen und Publikationen aktiv an der Entwicklung der ISO-Richtlinien für umweltbezogene Produktbewertungen. Zum Beispiel bei den umweltgerechten halogenfreien Leiterplatten, also Trägern elektronischer Einzelteile ohne Stoffe aus der Gruppe der sogenannten Halogene Chlor und Brom, wurde die Analyse des prozessorientierten Gefährdungspotenzials bei der Herstellung wie auch bei der Anwendung und Entsorgung vorgenommen, denn dabei kann Dioxin entstehen. Es wurden sowohl die Einhaltung der Richtlinien wie auch die Produktkennzeichnung toxischer Stoffe, unter anderen der Dioxine, untersucht.

Ein weiterer Teil unserer Arbeit war die Analyse von Futter- und Lebensmitteln. Für die Industrie kontrollierten wir in allen Untersuchungen nicht nur das Endprodukt auf Einhaltung der Grenzwerte, sondern nahmen auch prozessorientierte Analysen während der Herstellung vor, um schon vorbeugend sicherzustellen, dass das Endprodukt sauber ist.

Trotz des überwältigenden Erfolges der früheren Jahre ließ ich nicht locker und realisierte 1996 ein Projekt, das auf dem deutschen Umweltmarkt bis dahin einmalig war und Modellcharakter hatte: Zentrum für Dioxinanalytik (ZfD) hieß das Gemeinschaftsunternehmen, zu dem sich die drei auf diesem Sektor führenden deutschen Laboratorien zusammenschlossen. Zu dieser Projektgemeinschaft mit Sitz in Bayreuth trug Ökometric den größten Analyseanteil bei und profitierte folglich am stärksten davon – für uns ein Geniestreich, wie die Konkurrenz sagte. Die betriebswirtschaftlichen Ergebnisse des ZfD waren erstaunlich gut, und dies in einer eigentlich schwierigen Zeit des Preisverfalls für unsere Dienstleistungen, da eine große Zahl neuer Konkurrenten in den Markt eingetreten war. Wir hatten die Anzahl der analytischen Proben verdreifacht und die Kosten um gut die Hälfte gesenkt, also genau die Schritte, die uns Vorteile auf dem Markt verschafften. Dabei nutzten die drei beteiligten Laboratorien zwar die gemeinsame Einrichtung, waren aber in jeder Hinsicht eigenständig – und standen, was Kundenbetreuung und Akquise angeht, auch untereinander in Wettbewerb. Aus dieser Zusammenarbeit ging Ökometric als bundesweit größtes Labor zur Dioxinanalyse hervor.

Unser guter Ruf ermöglichte es uns auch, 1998/99 an einem wichtigen und prestigeträchtigen Projekt teilzunehmen: dem Monitoring, der Analyse und Risikoabschätzung von Dioxinen und PCB, also polychlorierten Biphenylen, einer Gruppe krebserregender Stoffe auf Chlorbasis, in Lebensmitteln in der Europäischen Gemeinschaft. Ökometric als Dioxinlabor sollte bei den Untersuchungen mit dem jeweiligen Partner, der verantwortlich für die Auswahl der Lebensmittel und Probeentnahmen war, Grenzwerte veröffentlichen – wurden diese überschritten, lag der Verdacht einer übermäßigen Verschmutzung nahe, deren Quelle es in einem solchen Fall zu suchen galt. Das Monitoringprogramm diente also dazu, kritische Situationen schon zu erkennen und zu entschärfen, bevor überhaupt ein Schaden entstand.

Ebenfalls im Jahr 1998 startete ein ähnliches Monitoringprogramm zur Dioxin- und PCB-Belastung, das wir gemeinsam mit der Universität Tokio gestalteten und das vom japanischen Forschungs- und Gesundheitsministerium gefördert wurde. Es ging uns darum, den Einfluss von zahlreichen kleinen Abfallverbrennungsanlagen auf die Luftqualität und letztendlich auf die Qualität der Hauptnahrungsmittel, etwa des Fischs aus japanischen Gewässern, festzustellen. Die Probenentnahme organisierten die japanischen Wissenschaftler unter der Leitung von Professor Shaw Watanabe vom Institut für Ernährung und Epidemiologie der Universität Tokio. Die Methodik und Arbeitsweisen des Unternehmens stellte Prof. Watanabe auf dem Dioxin-Symposion 1999 in

Venedig vor. Durch dieses Projekt gewann Ökometric in Japan an Reputation, was uns eine ganze Reihe von Prüfaufträgen aus der japanischen Abfallverwertungsindustrie einbrachte.

Ein Vergleich zwischen Japan und Iran

In dieser Zeit flog ich zweimal nach Tokio, um das Projekt mit den einheimischen Kollegen zu koordinieren, und lernte bei dieser Gelegenheit die Megacity kennen. Ähnlich wie später in Seoul beobachtete ich auch hier ein friedliches Zusammenleben von Modernität und traditioneller Welt, die sich etwa in Tempeln und Schreinen zeigt. Zahlreiche Universitäten in der Stadt verdanken ihre Existenz der sogenannten Meiji-Restauration nach 1867, als das Land unter dem Kaiser Meiji (1867–1912) einen Modernisierungsschub nach westlichen Vorbildern erlebte. Mehr als ein Jahrhundert später sollte Japan dank dieser Reform ein enormes wissenschaftlich-technisches Niveau erreichen – dies ist bei näherem Zusehen keineswegs überraschend, denn damals schaffte Japan den Sprung von der mythischen zur logischen Denkform, von den Erzählungen über urzeitliche Götter hin zur wissenschaftlichen Denkweise des Westens. Zu den Schwerpunkten der Meiji-Epoche gehörte eine Bildungsreform mit Förderung von Bildung und Erziehung. Als Vater der Modernisierung und als eine der wichtigsten Persönlichkeiten der Zeit gilt Fakuzawa Yakichi, der die später renommierte Keio-Universität gründete. In Anerkennung seiner Leistungen prangt sein Bild noch heute auf dem 10.000-Yen-Geldschein.

Fast zeitgleich mit der Meiji-Restauration in Japan versuchten in meiner Heimat Iran Einzelpersönlichkeiten aus Politik und Gesellschaft, das Land nach Westen, nach Europa zu öffnen. Sie wollten insbesondere das Bildungssystem vom traditionellen religiösen Denken befreien und modernisieren. Die Schulen waren traditionell das Monopol der religiösen Kräfte und arbeiteten in der damaligen Zeit nach einem veralteten, rückwärtsgewandten und antiwissenschaftlichen System. Die Geistlichkeit widersetzte sich mit aller Kraft der Modernisierung der Gesellschaft im Allgemeinen und speziell derjenigen des Schulwesens. Logisch-rationales Denken ist in der Geschichte des Iran mit dem religiösen Denken ständig in Konflikt geraten. Seit 150 Jahren haben die Modernisierer einige Schlachten gewonnen und das Bildungssystem in der Generation meines Vaters und in meiner Generation reformiert, die letzte große Schlacht aber verloren. Deren Ergebnis ist die Herrschaft der Religionsgelehrten in der Islamischen Republik Iran seit 1979.

Gerade in den 1980er-Jahren tobte der islamische Generalangriff auf westliche Einflüsse mit aller Gewalt. Dabei wurden Menschen, die sich um das iranische Erziehungs- und Bildungswesen große Verdienste erworben hatten, entlassen, erniedrigt, verhaftet und sogar ermordet. Hier führe ich zwei besonders beschämende Beispiele an:

Das eine handelt von Frau Dr. Farrochru Parsa, die überhaupt die erste Ministerin in der iranischen Geschichte war. Nach der Islamischen Revolution wurde sie verhaftet und ein Jahr später, am 8. März 1980, gehängt, eine bestialische Hinrichtungsart, und das zynischerweise auch noch am Weltfrauentag. Man hatte sie beschuldigt, die koloniale, imperialistische Kultur aktiv gefördert und verbreitet zu haben.

Frau Parsa stammte aus einer gebildeten iranischen Familie. Ihre Mutter war Journalistin und Frauenrechtlerin, die die Zeitschrift „Welt der Frauen“ herausgegeben hatte. Diese Zeitschrift wurde nach der vierten Ausgabe auf Druck von religiösen

Kräften eingestellt und die Familie massiv angegriffen und eingeschüchtert. Schon im Studium setzte sich Farrochru Parsa aktiv für das Recht der Frauen auf Bildung und Arbeit ein. Sie hatte verschiedene Positionen im Kulturministerium inne, wurde Abgeordnete und 1968 schließlich Kulturministerin unter dem Schah. Auch in dieser Position unterstützte und förderte sie aktiv Organisationen, die Frauen Bildung, Sport und Arbeit ermöglichen wollten. Wenn man sieht, welch untergeordnete Rolle Frauen noch heute im öffentlichen Leben der Islamischen Republik spielen, kann man den Weitblick von Frau Parsa umso mehr schätzen.

Die zweite Gestalt, die ich als erschütterndes Beispiel nennen möchte, ist Herr Dr. Mohammad Ali Mojtahedi. Er studierte in Paris Mathematik, kehrte nach seiner Promotion 1938 in den Iran zurück und nahm eine steile akademische Karriere als Universitätsprofessor: Im Laufe der Jahrzehnte war er Kanzler der Polytechnischen Hochschule wie auch Präsident der Nationaluniversität und gehörte zudem zu den Gründern der später renommierten Technischen Universität Aryamehr (die heutige Sharif-Universität) in Teheran. Darüber hinaus leitete er 34 Jahre lang das angesehene Gymnasium Alborz, ebenfalls in Teheran, und ließ das Areal der Schule ohne jede staatliche Unterstützung, allein mit Spendenmitteln, erheblich erweitern und ausbauen. Zu den Neubauten aus seiner Zeit zählten ein Sportzentrum, Laboratorien und ein Internat.

Mohammad Ali Mojtahedi war ein leidenschaftlicher und pflichtbewusster Lehrer, der eine wichtige Rolle in der Modernisierung des Erziehungs- und Bildungswesens im Iran in der Schahzeit spielte. Politische Ämter nahm er nicht an und war auch in keiner politischen Organisation aktiv. Sein Lebenswerk galt allein dem Erfolg seiner Schüler und Studenten. Die überwiegende Mehrheit seiner Schüler studierte später und viele von ihnen wurden namhafte Wissenschaftler, Unternehmer und Kulturschaffende. Sieben Jahre vor der Revolution ging er in den Ruhestand, blieb aber Ehrenrektor der Schule.

1982 teilten ihm die neuen Machthaber in einem beleidigenden Brief mit, dass ihm von nun an jegliche staatliche Tätigkeit verboten sei und seine Pensionsbezüge eingestellt würden. Um die Operationskosten seines herzkranken Enkels zu finanzieren, verkaufte Herr Mojtahedi sein bescheidenes Hab und Gut. Schließlich verließ er mit seiner französischen Frau das Land und lebte bis zu seinem Tod 1997 in sehr bescheidenen Verhältnissen bei der Familie seiner Frau in Südfrankreich. So ist die Islamische Republik mit Menschen umgegangen, die sein Erziehungs- und Bildungssystem modernisieren wollten, und wenn ich dies mit der Geschichte Japans und anderer Länder vergleiche, werde ich sehr traurig. Solchen Gedanken hing ich immer wieder nach und beobachtete auf meinen Reisen rund um den Globus, welche Entwicklungen sich in den letzten drei Jahrzehnten andernorts vollzogen. Es entsetzt mich, wie wenig die Vorreiter der Bildung in der Islamischen Republik Iran beachtet und als Vorbilder respektiert wurden und werden.

Meine Zeit als UNEP-Experte und der internationale Einsatz gegen die persistenten organischen Schadstoffe (POPs)

Zurück zu meinem eigentlichen Sachgebiet. Vergiftung von Futter- und Lebensmitteln mit Dioxinen trat in verschiedenen Störfällen und Skandalen der vergangenen Jahre ins öffentliche Bewusstsein. Aus wissenschaftlicher Sicht lässt sich dazu sagen, dass über neunzig Prozent der Dioxinbelastung für den Menschen aus Nahrungsmitteln stammen, vor allem tierischen Ursprungs. Deshalb entwickelte die Europäische Union zu Beginn des neuen Jahrtausends eine Strategie, um Dioxine und Polychlorierte Biphenyle (PCB), weitere hochgiftige Chlorverbindungen (besonders solche mit dioxinähnlicher toxikologischer Wirkung, kurz dioxinähnliche PCB) zu mindern, und formulierte Vorgaben für die Ultraspurenanalytik der untersuchenden Labore. Denn die Einführung der Grenzwerte hatte gezeigt, dass strikte Qualitätskriterien und große Erfahrung im Umgang mit den Proben ganz entscheidend für die erzielten Ergebnisse sind. Die ultraspurenanalytische Überprüfung, ob die Grenz- und Auslösewerte eingehalten werden, stellt also höchste Anforderungen an die analytische Qualitätssicherung: hohe Zuverlässigkeit und Qualität, Kosten- und Zeiteffizienz bei der Prüfung sowie Know-how und Erfahrung in der Beratung. Wie zuvor schon dargestellt, erfüllte Ökometric all diese Kriterien – wir waren kompetent, arbeiteten mit einer zuverlässigen Methode und dokumentierten unser Qualitätsmanagement nachvollziehbar. Bei diesem EU-Projekt wurde gemeinsam mit den beteiligten Partnern ein modernes Managementkonzept ausgewählt, um das Projekt erfolgreich zu gestalten, und zwar nach den beiden Prinzipien des Top-down und des Bottom-up. Beim Top-down-Ansatz wird das Konzept allgemein definiert und an alle Teilnehmer des Projekts in Form von Anleitungen kommuniziert. Beim Bottom-up-Ansatz erhalten die teilnehmenden Partner Gelegenheit, Ideen und Vorschläge nach oben zu kommunizieren. Durch wechselseitige Anwendung beider Ansätze versuchten wir, uns der Realität so gut wie möglich anzupassen. Dieses Modell der Verbindung von Top-down- und Bottom-up-Prinzip, mit Kontrolle und Klarheit der Ziele einerseits und Teamarbeit und Motivation der Beteiligten andererseits, ermöglichte ein produktives und erfolgreiches Projekt.

Über die Untersuchungen der sogenannten persistenten organischen Umweltschadstoffe (POPs) oder hochgiftigen Umweltchemikalien bin ich mit einem globalen Problem für Mensch und Umwelt konfrontiert worden. Tatsächlich werden diese Verbindungen aus zahlreichen Quellen freigesetzt und sind in der Lage, sich weiträumig zu verbreiten. Klaus Töpfer, der ehemalige Exekutivdirektor des Umweltprogramms der Vereinten Nationen (UNEP), nannte sie einmal „Schadstoffe ohne Reisepass", weil sie in der Luft und im Wasser Grenzen überschreiten.

Zu den persistenten organischen Schadstoffen, die auch als „dreckiges Dutzend" („dirty dozen") bekannt sind, gehören zwölf hochtoxische Stoffe: Dioxine und Furane als unerwünschte Nebenprodukte bei Verbrennungen und anderen Vorgängen, PCB und das Pflanzenschutzmittel Hexachlorbenzol (HCB) als Industriechemikalien sowie die acht Pestizide Aldrin, Chlordan, DDT, Dieldrin, Endrin, Heptachlor, Mirex und Toxaphen. Sie sind langlebig, extrem giftig und lagern sich in lebenden Organismen ab, was man als Bioakkumulation bezeichnet. Diese Schadstoffe identifizierte die Forschung vor geraumer Zeit als weltweites Problem für Mensch und Umwelt. Tatsächlich werden sie aus einer Vielzahl von Quellen freigesetzt und vermögen sich weiträumig zu verteilen. Nach einer internationalen Studie, die 2015 von der Zeitschrift Lancet publiziert und 2019 wie auch 2022 nochmals bestätigt wurde, sterben etwa neun

Millionen Menschen jedes Jahr vorzeitig wegen organischer und anorganischer Schadstoffe in der Luft, im Wasser und im Boden an Herz-Kreislauf- oder Atemwegserkrankungen oder an Krebs. Damit fordern diese Gifte mehr Todesopfer als Krieg, Terrorismus und Malaria zusammen, die meisten von ihnen, etwa 92 Prozent, aus den Ländern des globalen Südens und aus Schwellenländern, insbesondere aus Afrika. Die globale Dimension möglicher Umwelteinwirkungen macht es also nötig, die Problematik dieser Stoffe im internationalen Einvernehmen anzugehen, und folgerichtig übernahm das Umweltprogramm der UNO diese Aufgabe.

1999 benannte die Organisation mich gemeinsam mit anderen als Experten für den Bereich persistente organische Schadstoffe, insbesondere für Dioxine, Furane und PCB, und in dieser Funktion wirkte ich mehrere Jahre an weltweiten Expertentreffen und Workshops mit. Dazu gehörten auch die Konferenzen, die zu international verbindlichen Abkommen über die POPs führten. Meine Aktivitäten konzentrierten sich sowohl auf die „Best Available Techniques“ (BAT), also die bestmöglichen Techniken der Probeentnahme und Analytik von Dioxinen, Furanen und PCB, als auch auf die „Best Environmental Practices“ (BEP), also das bestmögliche Handeln zugunsten der Umwelt, was die Produktverantwortung durch die Hersteller einschließt.

Im Mai 2001 wurde die Stockholmer Konvention zu den POPs angenommen, im Mai 2004 trat sie in Kraft. Hier ist es der internationalen Gemeinschaft gelungen, eine „Grammatik“ des Dioxinverständnisses und damit globale Maßstäbe zu definieren, an die sich fortan jeder Staat, jede Institution und jede Einzelperson im Umgang mit diesen todbringenden Stoffen halten muss. Die Stockholmer Konvention ratifizierten damals 181 Vertragsparteien, die gemeinsam das Ziel verfolgen, die menschliche Gesundheit und die Umwelt vor den persistenten organischen Schadstoffen möglichst schon präventiv zu schützen. Später wurde die Liste der kritischen Substanzen beträchtlich erweitert. Das POPs-Programm soll Industrie-, Schwellen- und Entwicklungsländern helfen, eine eigene nationale Strategie zu entwickeln, um diese Schadstoffe zu identifizieren, analysieren und minimieren oder gleich zu eliminieren. Dazu fanden in verschiedenen Regionen der Welt Expertentreffen mit den Entscheidungsträgern der Länder statt, bei denen das neueste Wissen über diese zwölf Stoffe, insbesondere Dioxine, Furane und PCB, und entsprechende Verfahren im Umgang mit ihnen vermittelt wurden. Dahinter stand der Gedanke, einheitliche Standards für Managementmaßnahmen und eine transparente Dokumentation zu entwickeln.

Meine Aufgabe als UNEP-Experte war es, bei den Meetings und Workshops den Stand der Wissenschaft und Technik über Dioxine, Furane und PCB in zwei Bereichen in Vorträgen darzustellen: erstens die Notwendigkeit und die Anforderungen in der Multikomponenten- und Ultraspurenanalytik, also die Frage, welche Befunde liegen jeweils vor. Dazu gehörten auch Qualitätssicherung und Qualitätskontrolle sowie die Dokumentation der Ergebnisse. Zweitens: Hersteller sollen Produktverantwortung übernehmen und den gesamten Lebenszyklus eines Produktes beachten. Denn auch die Produktionsprozesse und Abfallverwertungsmethoden sind beim POP-Management im Blick zu behalten. Es geht ganz wesentlich darum, Dioxine, Furane und dioxinähnliche PCBs an stationären, mobilen und diffusen Quellen ausfindig zu machen und chemisch zu analysieren. Die entsprechende

Kennzeichnung von Produkten als standardisiertes Verfahren spielt für das internationale Handeln eine wesentliche Rolle.

Ansatzpunkt für ein Schadstoffmanagement war und ist die Diskussion möglicher Quellen, also die entscheidende Frage: Woher stammen toxische Substanzen? Wo und unter welchen Bedingungen werden sie freigesetzt? Dies kann über sogenannte primäre und sekundäre Quellen erfolgen. An primären Quellen können sich die entsprechenden giftigen Verbindungen bilden und zum Beispiel Dioxine und Furane als unerwünschte Nebenprodukte freisetzen, etwa unvollständige Verbrennungsvorgänge von Müll. Sekundäre Quellen, auch Reservoirs genannt, enthalten bereits Verbindungen aus primären Quellen und tragen zu deren Verteilung bei. Ein Beispiel für solche sekundären Quellen sind Hühner oder Kühe, die dioxinverseuchte Nahrung aufnehmen, geschlachtet werden und mitsamt den Giften in die Nahrungskette gelangen. Eine weitergehende Differenzierung der Quellen erfolgt in die Bereiche stationär, zum Beispiel Müllverbrennungsanlagen, mobil, etwa der Verkehr, und diffus, nicht genau zu lokalisieren, also Quellen, die sowohl ortsfest als auch mobil sein können. Bei diffusen Quellen handelt es sich um kleine Einheiten, die in großer Anzahl weiträumig verteilt sind und unterschiedliche Emissionsprozesse zeigen, deshalb machen sie eine Kontrollstrategie, wie sie bei stationären Quellen möglich ist, häufig unmöglich. Prinzipiell denkbar sind konkrete Einschränkungsmaßnahmen wie Einsatzverbote, Negativlisten und Einführung gesetzlicher Grenzwerte, vor allem bei Lebensmitteln, Tierfutter, landwirtschaftlichen Produkten und Verbrauchsgütern. Als Beispiel dafür dienen Produkte, die über den Export mitunter weit verteilt werden – ebenso wie die Schadstoffe, die in ihnen enthalten sein könnten. Die Abtrennung diffuser Quellen von den stationären erscheint jedoch vor dem Hintergrund differenzierter Schadstoffmanagementstrategien sinnvoll, insbesondere für den Bereich der Produkte.

Im globalen Kampf gegen persistente, also dauerhafte organische Schadstoffe kommt dem Begriff des „Ferntransportes“ eine wesentliche Bedeutung zu – hierbei ist nicht an Güterverkehr zu denken, sondern eine grenzüberschreitende Ausbreitung von Giftstoffen. Denn ein internationales Vorgehen ergibt nur dann Sinn, wenn die betreffenden Substanzen auch das Potenzial besitzen, sich global zu verteilen. Bei stationären Quellen wird der Begriff Ferntransport vor allem als atmosphärischer Vorgang definiert, also als Schadstoffverteilung über die Luft. Für diffuse Quellen lässt sich eine globale Bedeutung etwa bei weltweiter Verbreitung von Produkten belegen. Die Verteilung oder Freisetzung der Schadstoffe erfolgt dabei über oder aus den Produkten, sodass Fachleute hier von einem sogenannten „produktbürtigen Ferntransport“ sprechen.

Verbindende Elemente verschiedener Kulturen

Im persönlichen Rückblick empfinde ich meine Zeit als UNEP-Experte als wunderbares Geschenk. Schon die Berufung war eine große Ehre. Auf den Konferenzen, bei den Programmen, in der Vorbereitung auf meine Vorträge habe auch ich selbst so manches erfahren, was mir sonst nie zuteilgeworden wäre. Menschen aus verschiedenen Kulturen kennenzulernen, sei es in fachlicher Begegnung, sei es aus privatem Interesse, bereicherte mich in jeder Hinsicht und erweiterte mein interkulturelles Verständnis. Egal wo sich unsere Expertengemeinschaft traf, wir hatten untereinander immer Gesprächsthemen, sei es fachlicher Austausch, sei es ein Kulturprogramm, seien es abendliche Unterhaltungen – wir ergänzten uns gegenseitig gut und halfen uns auch bei unseren Vorträgen.

Wenn eine Konferenz in einem bestimmten Land bevorstand, das ich noch nicht kannte, informierte ich mich im Vorfeld über den jeweiligen Kulturkreis aus der Literatur. Das Buch von Geert Hofstede mit dem Titel „Lokales Denken, globales Handeln: Interkulturelle Zusammenarbeit und globales Management" half mir dabei häufig sehr. Ich stellte fest, dass trotz solch unterschiedlicher Kulturen bei Individuen, Gruppen, Völkern und Nationen eine Struktur in der Vielfalt existiert, die als Grundlage für gegenseitiges Verständnis dienen kann: Denn sehr häufig bestehen die grundsätzlichen Probleme materielle Ungleichheit, problematische Machtstrukturen, Ungleichbehandlung der Geschlechter, ungewisse Zukunft und mangelnde Möglichkeiten der Befriedigung elementarer Bedürfnisse sowie zusätzlich noch die Aufgabe, unterschiedliche Entwicklungsstände innerhalb der Länder miteinander in Einklang zu bringen. Diese Probleme wird es auch weiterhin geben. Und ein neueres ist seit einigen Jahrzehnten noch hinzugekommen: die Umweltverschmutzung.

Die Vorbereitung war auch aus einem anderen Grund wichtig: Wir als Experten, die häufig aus dem reichen Westen kamen, wollten unseren Gesprächspartnern aus den Entwicklungsländern ja etwas vermitteln von unserem Wissen über die gefährlichsten Giftstoffe dieser Welt. Das war das Ziel unserer Reisen, aber zugleich auch eine erhebliche Gefahr. Denn wenn man nur fachlich auftritt und sagt, ich bin hierhergekommen, um euch zu belehren, dass ihr dies und jenes tun müsst, wird man in der Regel nichts erreichen. Die Menschen sind zwar höflich und hören zu, aber auf diese Weise findet man keinen Weg zu ihren Herzen. Wenn sie aber das Gefühl bekommen, dass sie ernst genommen werden und man sie mit Respekt behandelt, wenn man darauf achtet, dass Vertrauen das verbreitete Misstrauen verdrängt, dann entsteht eine Brücke, eine zwischenmenschliche Beziehung, mit der man diese Probleme besser lösen kann. Mein bikultureller Hintergrund kam mir dabei sehr zugute, diese Zusammenhänge besser zu verstehen und kultursensibel mit den Menschen umzugehen. Ich wurde überall sehr gut aufgenommen und erhielt bei der üblichen Evaluation auch positive Bewertungen sowohl für meine Vorträge als auch für mein persönliches Auftreten. Interkulturelle Kompetenz ist also eine Voraussetzung dafür, um weltweite Probleme zu lösen.

Die Atmosphäre auf den Konferenzen war in der Regel offen und frei, ich erinnere mich nur an Sicherheitspersonal auf den Philippinen, dessen Aufgabe es war, die Delegation unauffällig vor terroristischen Entführungen zu schützen. Zu den Meetings und Workshops im Zusammenhang mit dem UNEP-POPs-Programm kamen aus den Teilnehmerländern vor allem Entscheidungsträger aus staatlichen Stellen bis hin zu Ministerien. Im Durchschnitt waren es Delegationen aus fünfzehn Ländern, die daran teilnahmen. Jedes Meeting dauerte zwei bis drei Tage. Die Gastgeberländer boten auch Kultur- und Abendprogramme, damit die Teilnehmer örtliche Sehenswürdigkeiten und kulinarische Köstlichkeiten kennenlernen konnten. Das ganze Programm erscheint mir im Rückblick als eine Form der Bewusstseinserweiterung für ein globales Problem.

Es gab auch kritische Stimmen, die alles mit Kolonialismus verbanden, vor allem in Afrika, obwohl das Problem Dioxine mit Kolonialismus gar nichts zu tun hat. Sie setzten sich zum Glück nicht durch, denn unser Sachanliegen war zu drängend, um hinter solchen Fragen zurückzustehen.

„Drei Musketiere“ gegen das „dreckige Dutzend“ – das K-M-T-Prinzip

Die Suche nach einem weltweit einheitlichen Vorgehensmuster und nach qualitativ vergleichbaren Kriterien im Zuge eines POPs-Managements führte mich zusammen mit einem Mitarbeiter dazu, das K-M-T-Prinzip zu formulieren. In meinen Vorträgen sowohl über die chemische Analytik als auch über die Produktverantwortung stellte ich es explizit dar. Es besagt, dass es bei internationalen Vereinbarungen darauf ankommt, dass alle Beteiligten „dieselbe Sprache sprechen“, sich also über Inhalt, Qualitätsanforderungen, Bewertungsmaßstäbe und anderes verständigen.

Folgende drei Hauptforderungen umfasst das K-M-T-Prinzip:

K = Kompetenz:

Beteiligte oder Ausführende von Managementaktivitäten benötigen eine angemessene Kompetenz. Diese Kompetenz ist einheitlich zu definieren, entsprechend nachzuweisen und zu überprüfen.

M = Normkonforme Methoden:

Der Einsatz normkonformer Methoden bietet die Möglichkeit, dass alle Beteiligten das gleiche Arbeitsmittel verwenden und darüber zu vergleichbaren Ergebnissen kommen.

Grundlage dafür sind die einheitliche Festlegung und Validierung von Methoden sowie eine regelmäßige Überprüfung von deren Einhaltung. Diese Forderung erfüllen die deutschen und internationalen Normensysteme Deutsche Industrienorm DIN, Europäische Norm EN sowie die Internationale Organisation für Normung (ISO für englisch International Standard Organisation).

T = Transparenz:

Das K-M-T-Prinzip regt dazu an, Strategien, Prozesse, Vorgehensweisen und Entscheidungen maximal transparent offenzulegen und damit ihre Überprüfbarkeit zu gewährleisten. Treue zum K-M-T-Prinzip sichert die Kommunikation zwischen den Beteiligten auf allen Ebenen (Analyse, Bewertung, Handeln) und lässt sich so als zentrale Anforderung an alle Managementstufen formulieren.

Ich möchte die Wirkung der „drei Musketiere“ des K-M-T-Prinzips am konkreten Beispiel seiner Umsetzung in der chemischen Analytik erläutern:

Ziel des POPs-Managements sowohl bei stationären als auch diffusen Quellen ist es, das Vorkommen der jeweiligen giftigen chemischen Verbindungen zu minimieren. Standards sind festzulegen, sofern dies noch nicht geschehen ist, die nicht zu tolerierende Gehalte der Stoffe oder zumindest die vorhandenen Gehalte definieren. Dafür bieten sich Grenzwerte an, beispielsweise von Emissionen mit Auswirkungen auf die Betriebsgenehmigung von Anlagen, auf Kriterien, die etwa die Zuteilung eines Umweltzeichens gestatten, oder einfach auf Konzentrationsangaben in der Produktinformation. Die chemische Analytik spielt im POPs-Management also eine entscheidende Rolle. Nicht zuletzt bei der Überprüfung von Grenzwerten werden die juristischen, wirtschaftlichen und also vor allem finanziellen Auswirkungen chemischer Analysedaten deutlich. Die Ergebnisse der Analysen haben damit erhebliche Konsequenzen für Betreiber von Anlagen und Produzenten und deshalb sind an die Analysequalität besonders hohe Anforderungen zu stellen. Dies betrifft die Qualität einer überprüfbaren und gesicherten Methode, die Qualität des prüfenden Labors sowie wiederum die Qualität der externen Qualitätsüberwachung. In der chemischen Analytik erwiesen sich die „drei Musketiere" des K-M-T-Prinzips also eindeutig als Erfolg.

Als Beispiel sei die Qualitätsüberwachung im damals gesetzlich nicht geregelten Bereich des europäischen Prüfwesens angeführt. Nationale, europäische und internationale Normierungsgremien entwickeln und standardisieren konsensfähige Prüfmethoden, Interessenverbände nehmen ihre eigenen Interessen sowohl bei der Standardisierung als auch im Überwachungsprozess wahr. Ein stufenweiser Aufbau von europäischen und nationalen Dachorganisationen über Kontrollbehörden und Akkreditierungsstellen bis hinab zur einzelnen Prüfstelle richtet sich nach dem K-M-T-Prinzip. Wenn ein internationales Vorgehen vereinbart werden soll, gilt es bei der Festschreibung eines solchen Systems verschiedene Fragen zu klären: Welche Organisationsstrukturen, bilateralen Verträge oder internationalen Institutionen wie UNEP, OECD oder WHO ermöglichen die gegenseitige Anerkennung von Zertifikaten und akkreditierten Prüfstellen? Kann K-M-T die Richtigkeit von Analyseergebnissen und Produktinformationen gewährleisten? Und wie ist das Vorgehen zu organisieren, damit die zwingend notwendige Vergleichbarkeit der Ergebnisse sichergestellt wird? Es ging bei der Erarbeitung des POPs-Managements stets auch darum, das Wissen sowohl industrialisierten Staaten als auch Schwellen- und Entwicklungsländern zur Verfügung zu stellen, denn gerade arme Länder leiden häufig stärker unter den negativen Auswirkungen von Schadstoffen. Deshalb war der Transfer von Know-how und Technologie immer als Akt der Vertrauensbildung und als globales Instrument zur Völkerverbindung und -verständigung wie auch als Übernahme von globaler Verantwortung durch die reichen Länder des Westens zu verstehen.

Professor Otto Hutzinger – vom Vorgesetzten zum Freund

In der kleinen nordbayerischen Universitäts- und geschichtsträchtigen Musik- wie Kulturstadt Bayreuth lernte ich mit Professor Otto Hutzinger einen Umweltwissenschaftler von Weltrang kennen und zugleich einen Menschen, der mich tief prägte. Zu Beginn war er mein Vorgesetzter, seit der Gründung des Umweltforschungsinstituts Ökometric mein Partner und dann bis zu seinem Tod 2012 ein kluger Ratgeber und guter Freund. In dieser Begegnung trafen sich, metaphorisch ausgedrückt, Orient und Okzident, um in der Bekämpfung persistenter organischer Schadstoffe, also der Dioxine und verwandter Gifte, zusammenzuarbeiten. Unsere Kooperation war über fast zwei Jahrzehnte hinweg produktiv und erfolgreich. Otto Hutzinger galt zunächst als Pionier der Pestizidforschung und später als Umweltwissenschaftler von internationalem Rang auf dem Gebiet der persistenten organischen Schadstoffe. Schwerpunkt seines wissenschaftlichen Interesses war die Wechselwirkung von

Chemikalien mit Mensch und Natur. Er war 1933 in Wien zur Welt gekommen und hatte später Chemie an der Wiener Technischen Hochschule studiert. Nach dem Studium zog es ihn hinaus in die Welt, er emigrierte nach Kanada, wo er promoviert wurde und seine wissenschaftliche Karriere begann. Nach den Stationen Kalifornien und München wurde er Direktor und Professor am Institut für Umwelt und Toxikologie Amsterdam. Durch erfolgreiche Projekte erlangte das Institut internationale Bekanntheit. 1983, also nach neun Jahren Amsterdam, erhielt er den Lehrstuhl für Ökologische Chemie an der Universität Bayreuth. Auch hier ließen seine Projekte und Veranstaltungen die fränkische Stadt zu einem Zentrum der nationalen und internationalen Umweltwissenschaft und Schadstoffforschung heranwachsen. Man nannte Hutzinger gerne den „Dioxin-Papst". Er war Autor zahlreicher Bücher und Herausgeber der drei renommierten Umweltzeitschriften „Chemosphere" (englisch), „ESPR" (englisch) und „UWSF" (deutsch). Seit 1980 organisierte er die jährlichen internationalen Symposien „Dioxin und verwandte Stoffe" („Dioxin and Related Compounds") in vielen Universitätsstädten Europas, Amerikas und Asiens sowie Konferenzen wie „ECO-Informa" (Umweltinformation und Umweltkommunikation). Sehr schnell entwickelten sie sich zu international angesehenen Veranstaltungen. Auf meinem ersten Symposium 1987 in Las Vegas/USA waren mehr als 700 Teilnehmer aus der ganzen Welt dabei. In Vorträgen widmete sich die große Wissenschaftlerfamilie mehreren Themenbereichen, topics, über Schadstoffe, Umweltschutz und Gesundheitsschutz. Man kannte sich und freute sich, jedes Jahr die Kollegen zu treffen. In vielen Fällen kamen die Ehefrauen auch mit und für sie wurden ebenfalls Programme außerhalb des Symposiums organisiert. Hutzinger war nicht nur ein international anerkannter Wissenschaftler, sondern auch ein exzellenter Wissenschaftsmanager und -kommunikator. Zu diesen Symposien reisten nicht nur Wissenschaftler, sondern auch Entscheidungsträger aus Behörden, Industrie und umweltaktiven NGOs, z. B. von Greenpeace, dem WWF und anderen. Ab dem Jahr 2000 wurde jährlich zu Ehren von Hutzinger unter dem Namen „Otto Hutzinger Award" ein Nachwuchswissenschaftlerpreis verliehen. Wegen seiner unbestreitbaren Autorität nannte man ihn unter der Hand „Big Hutzinger". Trotz all dieser Anerkennung war er stets ein freundlicher Mensch und blieb kooperativ und bescheiden.

Persönlich habe ich sehr viel von ihm gelernt, fachlich wie organisatorisch, was mich sehr dankbar auf unsere gemeinsame Zeit zurückblicken lässt. Er war ein Glücksfall in meinem wissenschaftlichen und beruflichen Leben. Seine internationale Vernetzung ermöglichte es, mir interkulturelle Kompetenz anzueignen. Otto Hutzinger besaß die besondere Begabung, die Stärken seiner Mitarbeiter zu erkennen und diese zu motivieren. Ich empfand ihn stets als klugen Ratgeber. Wir ergänzten, respektierten und unterstützten uns gegenseitig, so gut wir es konnten. Die Wissenschaft, insbesondere die Umweltwissenschaft, war die Brücke zwischen uns.

Im Laufe der Zeit kamen wir uns über die gemeinsame Arbeit hinaus auch persönlich näher und wurden gute Freunde. Er war ein sehr guter Weinkenner. Sowohl in Bayreuth als auch nach seinem Umzug nach Österreich saßen wir etliche Abende zusammen mit unseren Ehefrauen nach einem guten Essen bis Mitternacht beim Wein beieinander und unterhielten uns über Gott und die Welt. Einmal fragte ich ihn, wie er seine Identität definiere, als Österreicher, Kanadier, als Niederländer. Mit einem Lächeln im Gesicht antwortete er: „Ich gehöre zu den Sonstigen."

Nach seiner Emeritierung erkrankte er an Parkinson, was ich tief bedauert habe. In den letzten zehn Jahren seines Lebens trafen wir uns regelmäßig in ihrem Haus in Pflandl nahe Bad Ischl im Salzburger Land. Er war sehr stolz auf seine umfangreiche Bibliothek. Einmal, als wir über den Iran und seine Geschichte sprachen, schenkte er mir Bücher über persische Märchen und persische Traumdeutung. Politisch passte er nicht in die Kategorien links, rechts oder konservativ. Er war ein weltoffener und aufgeklärter Europäer. Bei seinem Begräbnis 2012 hatte ich die Ehre, die Grabrede zu halten, und versuchte unter Tränen diesem großartigen Menschen und Wissenschaftler meinen Respekt zu erweisen. Ich hatte einen wahren Freund verloren.

Der Tod meiner Eltern

Die frühe Bayreuther Zeit mit all ihren wunderbaren Entwicklungen brachte auch schmerzhafte Einschnitte mit sich. Mit meinen Eltern hatte ich all die Jahre regelmäßig telefoniert und sie kamen auch einige Male zu Besuch nach Deutschland. Nachdem ich 1987 nach Bayreuth gegangen war, standen wir nur noch in telefonischem Kontakt. Im selben Jahr wurde mein Vater pensioniert, aber er war unglücklich mit seinem Rentnerdasein, denn er vermisste seine Arbeit, der er immer mit Leidenschaft nachgegangen war.

Im September 1988 rief mich meine Mutter an und teilte mir mit, dass mein Vater in ihrem gemeinsamen Haus an einem Herzinfarkt gestorben sei. Ich konnte es nicht fassen.

Zusätzlich zu meiner Trauer und meinem Schmerz über seinen Tod deprimierte es mich sehr, dass ich als ältester Sohn nicht zur Beerdigung in den Iran fliegen konnte. Da ich in Deutschland Asyl erhalten hatte, besaß ich nur einen Asylpass. 1993 erkrankte meine Mutter an Krebs und es stellte sich bald heraus, dass sie die Krankheit nicht besiegen würde. Ich bin heute sehr dankbar dafür, dass ich ihr kurz vor ihrem Tod am Telefon all die Dinge sagen konnte, die mir wichtig waren. Zwei, drei Tage später starb sie. Aus demselben Grund wie bei meinem Vater konnte ich auch nicht an ihrer Beisetzung teilnehmen.

Erst 1997 war es mir vergönnt, als Umweltexperte zu einem Kongress in den Iran zu reisen. Inzwischen hatte ich auch einen deutschen Pass, also die doppelte Staatsangehörigkeit. Diese Reise gab mir die Möglichkeit, endlich das Grab meiner Eltern aufzusuchen. Dort entschuldigte ich mich unter Tränen bei ihnen, dass ich bei ihrer Beerdigung gefehlt hatte. Der Besuch der Gräber meiner Eltern nach so langer Zeit war für mich nicht nur eine Pflicht, sondern auch eine Erleichterung.

Der Mauerfall und ein unvergessliches Konzert

Zum ersten Mal war ich 1970 von München aus nach Berlin gereist, um einen Freund zu besuchen. Am zweiten Tag meines Aufenthaltes fuhren wir Richtung Reichstagsgebäude, das damals direkt an der Mauer stand, und so verschaffte ich mir einen persönlichen Eindruck von diesem Bauwerk. In meiner Schülerzeit Anfang der Sechzigerjahre hatte mir mein Vater erzählt, dass eine Mauer mitten durch Berlin gebaut wurde und die Stadt von da an geteilt sei. Die politische und menschliche Dimension dieses Ereignisses konnte ich damals nicht erfassen. Als ich 1970 davorstand, empfand ich die Mauer nicht als Touristenattraktion, sondern als ein unnatürliches und bedrückendes Monument. Auch nach meinem Umzug nach Berlin ein Jahr später wirkte die Mauer auf mich als unüberwindliches, ja lebensbedrohliches Hindernis, dem man tunlichst nicht zu nahe kommen sollte.

Im Laufe der Jahre gelangte mir die deutsche Teilung stärker zu Bewusstsein. Diese Mauer hatte nicht nur eine Stadt auseinandergerissen, sondern auch Familien und Freunde und dazu Tod und viel Leid gebracht. Mir als Nichtdeutschem vermittelte sie ein Gefühl der völligen Ohnmacht und ich verstand im Laufe der Jahre allmählich, was die Teilung des Landes bedeutete. Als ich am Abend jenes 9. November 1989 zu Hause in Bayreuth im Fernsehen sah, dass die Mauer offen war, empfand ich ein unbeschreibliches Gefühl der Erleichterung und des Glücks. Das fühlte sich fast schon surreal an. Mit meiner Frau entschied ich, gemeinsam mit unserer damals zwölfjährigen Tochter Nassim sofort nach Berlin zu fahren, um dieses historische Ereignis aus nächster Nähe mitzuerleben.

Als wir schließlich vor der Mauer standen und die Löcher sahen, die die „Mauerspechte" hineingeschlagen hatten, rieben wir uns die Augen. Unmöglich, dachten wir, das gibt es doch gar nicht! Unsere Freude war gewaltig. Auch aus ganz praktischen Gesichtspunkten brachte der Wegfall der Grenze eine Erleichterung, denn ich war die Transitstrecke durch die DDR ständig gefahren, sei es beruflich oder privat. Nassim hatte sich zuvor in der Schule bereits intensiv mit dem

Problem der beiden deutschen Staaten auseinandergesetzt und identifizierte sich schon sehr mit den Deutschen. Sie sagte in Berlin immer wieder, Papi, ich nehm was mit, ich erzähle den Leuten in Bayreuth, was passiert ist. Schließlich steckte sie einige Mauerstücke als Souvenir ein und zeigte sie zu Hause immer wieder stolz vor.

Als wir nach Bayreuth zurückkamen, waren schon viele Ostdeutsche da, überwiegend aus Sachsen, die sich die ihnen lange verbotene Welt des Westens anschauten und mit ihren Trabis unsere Innenstadt bevölkerten. Es herrschte auch hier eine fröhliche Stimmung.

Mit Prof. Hutzinger verbinde ich eine Anekdote aus dieser Zeit. Zwei Ingenieure des TÜV Bayern kamen zu ihm mit dem Problem, ob man die Trabis für den Straßenverkehr im Westen zulassen dürfe. Er rief mich zu der Besprechung hinzu. Sie fragten: „Herr Professor, haben Sie Daten über Schadstoffemissionen von Zweitaktmotoren?" Darauf antwortete Hutzinger ironisch: „Wir haben Daten von Zweitaktmotoren, aber nicht von Autos, sondern von Rasenmähern. Wenn Sie Rasenmäher zulassen, können Sie auch Trabis zulassen." Die Trabis belächelte Hutzinger schon. Als wir einmal das Stadtzentrum voll mit diesen Autos sahen, meinte er, die schaffen es nicht bis nach München. Wegen der hohen Schadstoffkonzentration ihrer Abgase ließ er sich nicht von ihrer allgemeinen Zulassung überzeugen.

Wenn ich einen kleinen zeitlichen Sprung zurück in die Zeit vor dem Mauerfall mache: Bereits im Juni 1988 hatten Pink Floyd in Berlin vor dem Reichstag ein Konzert gegeben und ihr Meisterwerk „The Wall" gespielt. Seit meiner Studentenzeit habe ich die Musik dieser Gruppe geliebt. Schon dieses Ereignis führte mich mit Frau und Tochter nach Berlin. Abertausende wollten das Konzert erleben und obwohl die Karten schon längst ausverkauft waren, hinderte das die Menschen nicht daran zu kommen. Das Wetter war angenehm warm, die Stimmung unglaublich gut und die Musikboxen nach Ostberlin gerichtet, man konnte auf der großen Leinwand auch aus der Entfernung gut sehen. Die DDR-Führung versuchte damals mit scheinheiligen Begründungen das Konzert an der Mauer zu verhindern, ohne Erfolg. Die Musik kam geradezu von einem anderen Stern. Wir erfuhren, dass auch auf der Ostseite viele junge Leute trotz Hindernissen dem Konzert folgten. Die Menschen waren mit der Musik von Pink Floyd wieder geeint, über den sogenannten antifaschistischen Schutzwall, das Symbol des Kalten Krieges und der Teilung Deutschlands, hinweg. Ich werde diesen Tag nicht vergessen. Niemand konnte ahnen, dass im Jahr danach die Mauer fallen und ein weiteres Jahr später wieder ein Konzert von Pink Floyd in Berlin stattfinden würde, diesmal direkt auf dem ehemaligen Mauerstreifen.

Reisen in den Iran

Aus beruflichen Gründen unternahm ich zwei Reisen in meine Heimat. Siebzehn Jahre nach meinem letzten Aufenthalt dort reiste ich im Sommer 1997 als Umweltexperte für Luftschadstoffe zu einem internationalen Kongress über statische Luftverschmutzung, den die Weltbank gefördert und der Bürgermeister von Teheran organisiert hatte, gemeinsam mit deutschen Kollegen in den Iran. Auch Experten aus anderen europäischen Ländern waren eingeladen. Es ging um Schadstoffemissionen in der Millionenstadt Teheran und die Messung, Analyse und Maßnahmen zu ihrer Minderung nach dem Stand von Wissenschaft und Technik. Im Fokus standen vor allem Schadstoffemissionen durch den Verkehr.

Der Kongress war gut organisiert und es herrschte eine angenehme Atmosphäre. Die Organisatoren versuchten ein freundliches Bild des Iran zu liefern. Einige Monate zuvor war der sogenannte Reformpräsident Khatami gewählt worden und überall spürte man Hoffnung auf Veränderung im Land. Nach Kongressende wurde ich von der größten Zeitung Teherans interviewt. Dabei legte ich den Schwerpunkt auf die Umweltbildung. Die Reise war abgesehen von der fachlichen Seite und den Kontakten mit anderen Experten für mich persönlich sehr wichtig, denn ich konnte wie erwähnt zum ersten Mal die Gräber meiner Eltern besuchen und das Wiedersehen mit meinen noch in Iran lebenden Geschwistern bereitete mir große Freude. Nach vielen Jahren kehrte ich an den Ort in Teheran zurück, wo ich aufgewachsen war. Es hatte sich viel verändert und ich kam mir fast wie ein Fremder vor.

Die zweite Reise in den Iran fand drei Jahre später statt. Im Juni 2000 war Teheran Austragungsort einer Konferenz zum Thema persistente organische Umweltschadstoffe für die Region Naher und Mittlerer Osten, auf der ich als UNEP-Experte zwei Vorträge im Hotel Azadi im vornehmen Norden der Stadt hielt. Die iranischen Organisatoren versuchten sich als gute Gastgeber zu erweisen, ich würde sagen mit Erfolg.

Begleitprogramme stellten die iranische Kultur und Gastfreundschaft sehr gut dar, zum Beispiel eine Führung durch das Teppichmuseum in Teheran und eine eintägige Flugreise nach Isfahan, die bei meinen Kollegen tiefe Eindrücke hinterließ und auf der sogar ich selbst einiges gelernt habe.

In gewissen Situationen geriet ich aber geradezu zwischen die kulturellen Fronten. Auf dem Weg zum Teppichmuseum zum Beispiel saß Jim Willis, ein Mitarbeiter der US-amerikanischen Umweltbehörde EPA und Verantwortlicher für das POPs-Programm bei der UNEP, neben mir im Auto. Unterwegs sahen wir große antiamerikanische Abbildungen an Gebäudefassaden. Unsere Blicke trafen sich unwillkürlich und es war mir als gebürtigem Iraner äußerst peinlich, dass er diese gemalten Pamphlete gegen sein Heimatland wahrnehmen musste und sich mein Heimatland nicht niveauvoller präsentierte. Er war ein freundlicher, offener und kooperativer Mensch und da er mich von einer ganzen Anzahl gemeinsamer Workshops gut kannte, wusste er zu meinem Glück genau, dass ich derartige Manifestationen verachte. Später kaufte er auf unserer Reise nach Isfahan im historischen Basar einen schönen Perserteppich und es war mir ein Vergnügen, ihn beim Verhandeln des Preises zu unterstützen.

Die Begeisterung meiner Kollegen für ihren Aufenthalt im Iran machte mich wiederum stolz. Zum Rahmenprogramm gehörte auch ein festliches Abendessen in einem wunderbaren persischen Garten, im Hintergrund ein traditionelles Gebäude. Persische Speisen wurden in allen Varianten in bester Qualität und in Hülle und Fülle serviert. Nach der Festrede eines Direktors gab es Gelegenheit, ungezwungen mit anderen Gästen ins Gespräch zu kommen. Bald suchte der Direktor Kontakt zu mir und fing an, mich mit übertriebenen Komplimenten zu loben. Der Iran könne stolz sein auf solch einen Landsmann. Schließlich fragte er mich, warum ich mit meinem Know-how nicht in den Iran käme und meiner Heimat diente. Ich bedankte mich für seine Freundlichkeit und sagte: „Wissen Sie, meine Familie lebt in Deutschland.

Ich leite ein privates Forschungs- und Analyseinstitut und bin meinen Mitarbeitern verpflichtet. Außerdem hat mir Deutschland die Möglichkeit gegeben, mich fachlich und persönlich zu entwickeln. Ich bin als UNEP-Experte aus Deutschland wegen meiner fachlichen Expertise hier und nicht wegen meiner Beziehungen, wofür ich sehr dankbar bin." Beim letzten Satz dachte ich, aber sagte nicht, dass ich meine Entwicklung einer offenen demokratischen Gesellschaft verdanke und nicht einem diktatorischen und wissenschaftsfeindlichen Herrschaftssystem dienen wolle. Wie schön wäre es aber, dem Iran zu helfen, eine freiheitlich-demokratische Gesellschaft aufzubauen. Er schien meine Antworten zu akzeptieren.

Vietnam

Im Sommer des Jahres 2000 flog ich in die südkoreanische Hauptstadt Seoul für ein regionales Training mit Managementworkshop über Dioxine, Furane und PCB im Zusammenhang des UNEP-POPs-Programms. Ich war zu zwei Vorträgen eingeladen worden. Außer Experten nahmen Regierungsfachleute, Entscheidungsträger im Bereich Umwelt- und Gesundheitsschutz sowie Industrie aus Ländern im südostasiatischen Raum daran teil.

In Seoul war ich zum ersten Mal und von der Stadt sehr beeindruckt – eine gewaltige Metropole mit Wolkenkratzern und unendlich großem U-Bahn-Netz, dazu mit buddhistischen Tempeln und Palästen. Die Kontraste in der Stadt ergeben sich aus dem Nebeneinander von Tradition und Moderne in friedlicher Koexistenz.

Zu Beginn der Siebzigerjahre befanden sich Südkorea und Iran wirtschaftlich ungefähr auf dem gleichen Stand. Im Jahre 2000 war Südkorea eine moderne Industrienation, Iran dagegen hatte sich nach der Revolution 1979 mit seinen religiösen Machthabern entschieden, den Weg des Antimodernen, Antiwissenschaftlichen, des Rückwärtsgewandten einzuschlagen. Es machte mich im selben Augenblick traurig und nachdenklich, als ich diesen Vergleich zwischen beiden Ländern zog.

Nach meinem ersten Vortrag über die Anforderungen an die Ultraspurenanalytik (Dioxin- und PCB-Analytik, Qualitätssicherung und Qualitätskontrolle) kamen in der Pause Teilnehmer aus Vietnam auf mich zu. Herr Nguyen vom vietnamesischen Ministerium für Wissenschaft, Technologie und Umwelt und Frau Ha vom Institut für Biotechnologie des Landes fragten mich, ob ich wisse, dass ihr Land massive Dioxinprobleme habe. In der Tat, ich war im Bilde darüber, dass die US-amerikanischen Truppen während des Vietnamkrieges tonnenweise Entlaubungsmittel unter dem Namen Agent Orange, verunreinigt mit Dioxin, über dem vietnamesischen Dschungel versprüht hatten, immerhin hatte ich als Student gegen den Vietnamkrieg demonstriert. Sie und ihr Kollege waren überrascht, dass ich so gut informiert war – ihren Gesichtern konnte ich entnehmen, wie froh sie waren, in mir offenbar einen passenden Gesprächspartner gefunden zu haben. Daraufhin fragte mich die Dame ganz höflich, ob sie unser Dioxinlabor in Deutschland besichtigen dürfe. Selbstverständlich sagte ich sofort zu und bot ihnen meine umfassende Hilfe an.

Einige Monate später kam sie tatsächlich mit einem Kollegen nach Deutschland und als Erstes besuchten sie unser

Labor in Bayreuth. Gemeinsam mit meinem Laborleiter versuchte ich den Tag über alles zu erklären, was für die Dioxinanalytik wesentlich ist. Unsere Gäste waren von dem Hochsicherheitslabor und der dazugehörigen Messtechnik sehr beeindruckt und stellten fest, dass der Aufbau eines solchen Labors mit solchen Gerätschaften und Instrumenten eine sehr kostenintensive Investition sei. Genauso wichtig, fügte ich an, sei jedoch das Know-how, um exakt und präzise diese Art von Analytik durchzuführen. Es folgte die Frage, ob wir ihnen helfen könnten, so ein Dioxinlabor aufzubauen, und dazu für das Know-how sorgen würden. Meine Antwort war positiv, jedoch mit einer Einschränkung: Wir waren ein privatwirtschaftliches Institut und konnten ein solches Projekt nur mit finanzieller Unterstützung stemmen. Als eine weitere Frage eine mögliche finanzielle Hilfe der deutschen Regierung thematisierte, erklärte ich, die vietnamesische Regierung solle offiziell an die deutsche herantreten und im günstigen Falle der Förderung könne mein Institut einen entsprechenden Auftrag übernehmen.

Wochen danach versuchte ich bei den Vietnamesen herauszufinden, was daraus geworden war, nicht zuletzt wegen meines Interesses, dem Land konkret zu helfen – um nicht nur bei der einstigen Teilnahme an Antikriegsdemonstrationen stehen zu bleiben. Allerdings erhielt ich von der vietnamesischen Seite trotz mehrmaliger Versuche der Kontaktaufnahme keine Antwort. Später teilte man mir in einem inoffiziellen Gespräch mit, dass der Aufbau eines solchen Monitoringprogramms inklusive Dioxinlabor und Messtechnik Aufgabe der US-Amerikaner als Verursacher des Problems sei. Es vergingen allerdings noch einige Jahre, bis die USA im Zuge eines Wiedergutmachungsprogramms weitere Schritte der Unterstützung des einstigen Kriegsgegners unternahmen.

Die Reise nach Südafrika

Im selben Jahr 2000 war es noch, als ich erstmals nach Johannesburg (Südafrika) reiste – zu einer eminent wichtigen internationalen Konferenz über globale Probleme der persistenten organischen Schadstoffe, dem Fifth Meeting of the Intergovernmental Negotiating Committee on Persistent Organic Pollution (POPs INC-5). Dort versammelten sich Anfang Dezember Regierungsvertreter aus 122 Ländern, Mitarbeiter von Nichtregierungsorganisationen und Experten, um über das Verbot der Herstellung und Verwendung dieser Schadstoffe zu verhandeln.

Die Experten und die Delegierten der UNEP wohnten alle in einem Hotel im Stadtzentrum, was im Restaurant des Hauses gute Gesprächsgelegenheiten eröffnete. An einem Abend unterhielt ich mich eingehend mit Professor Klaus Töpfer, dem Executive Director von UNEP, und erzählte ihm, dass Deutschland sowohl in der Forschung als auch in der Probenentnahme und Analytik dieser Schadstoffe weltweit führend ist. Er zeigte sich vorzüglich informiert und kannte Prof. Hutzinger, über den er voll des Lobes war. Ohne Hutzingers wegweisende Forschungen und die Organisation der jährlichen Symposien über Dioxine und verwandte Stoffe wäre unsere Kenntnis davon nicht so weit gediehen. Töpfer fügte noch an, dass wir diesem großartigen Wissenschaftler und Wissenschaftsmanager sehr viel verdankten.

An einem der Tage bot die südafrikanische Regierung als Gastgeber uns Experten die Gelegenheit zu einer gemeinsamen Stadtbesichtigung. Ein Ort, den wir unter einigen anderen besichtigten und der bei mir persönlich bleibenden Eindruck hinterlassen hat, war Soweto. Dieses riesige Armenviertel mit mehr als 1,5 Millionen Einwohnern liegt im Südwesten von Johannesburg, nicht weit entfernt vom Stadtzentrum.

In die Geschichte ist Soweto aus zwei Gründen eingegangen: Am 16. Juni 1976 kam es zum sogenannten Soweto-Aufstand, als überwiegend Schülerinnen und Schüler gegen die Einführung des Afrikaans als Prüfungssprache demonstrierten, denn viele Heranwachsende waren ebenso wie die meisten Lehrer ihrer nicht mächtig. Unter der Parole „Recht auf Bildung" gilt der Aufstand, zu dem sich die Demonstrationen entwickelten, als Wendepunkt in der Geschichte des Kampfes gegen die Apartheid und die staatliche Gewalt. Schwarze Jugendliche lehnten sich gegen die drastische Beschneidung ihrer Zukunftsperspektiven auf. Die Diskriminierung per Gesetz, die unter dem Namen „Bantu Education" bekannt war, reduzierte ihnen ohnehin schon die Chancen auf Bildung und Beruf, die für weiße Jugendliche selbstverständlich waren. Der Apartheidstaat bezahlte für jeden weißen Jugendlichen zwanzigmal mehr Geld als für einen Jugendlichen mit einer anderen Hautfarbe im gleichen Alter. Die Regierung griff brutal gegen die Demonstranten des Soweto-Aufstands durch, mehr als 500 von ihnen starben, viele weitere wurden verletzt.

Der zweite Grund: Nelson Mandela lebte in Soweto und wir besuchten sein zeitweiliges Wohnhaus in der Vilakazi Street. Diese Straße in einem von Armut, Krankheit und Kriminalität geprägten Viertel ist berühmt geworden, weil sie zwei Friedensnobelpreisträger beherbergt hat, außer Mandela auch Erzbischof Desmond Tutu. Die beiden Männer versuchten aus der Hoffnungslosigkeit Zuversicht, aus dem Hass und der Ausgrenzung Liebe und Freundschaft zu machen.

Bei der Besichtigung Sowetos konnte ich aus nächster Nähe die Armut und die Perspektivlosigkeit der dort lebenden Menschen während der Apartheid erfahren. Eine ganze Familie mit vielen Kindern wohnte in einer Wellblechhütte ohne Toilette, ohne fließendes Wasser. Die elementarsten Hygienevorrichtungen fehlten, ansteckende Krankheiten und insbesondere AIDS waren allgegenwärtig. Trotz dieses trostlosen Zustands erhoben sich die Jugendlichen 1976 für eine bessere Bildung und damit für eine bessere Zukunft. So wichtig wie die leibliche Nahrung ist auch die Schulbildung! Genau deshalb ist in Artikel 26 der Allgemeinen Erklärung der Menschenrechte der Vereinten Nationen festgeschrieben: „Jeder hat das Recht auf Bildung" – ein Recht, das den Jugendlichen in Südafrika verwehrt wurde und das sie deshalb einforderten.

Auf meinen Reisen in Afrika und Asien und besonders hier im Township Soweto stellte ich fest, dass es zwei Stoffe gibt, die noch toxischer sind als Dioxine und PCBs: Armut und das Fehlen grundlegender Bildung!

Ich bin weder Armuts- noch Bildungsexperte, aber meine Reisen haben mir gleichwohl die Augen dafür geöffnet, dass die Lösung dieser beiden Menschheitsprobleme Armut und mangelnde Bildung auch in Verbindung steht mit einem besseren Verständnis der Probleme der Umwelt. Nichts zeigt Armut deutlicher als die Lage von Kindern im Elend und ohne Schulbildung. Zahlreiche Studien belegen, dass das Fehlen von Schulbildung weitere Armut bewirkt. Hunger führt zu Unterernährung und hat Auswirkungen auf die Gesundheit und die geistige Entwicklung der Kinder. Basisbildung wie Lesen, Schreiben, Rechnen ist also elementar für die persönliche Entwicklung der Menschen ab dem Kindesalter.

Analphabetismus hat schwerwiegende Folgen und führt zu Unsicherheit und Unfreiheit, über das eigene Leben zu entscheiden. Schulbildung ist auch die Voraussetzung für eine anständig bezahlte Arbeit und dadurch für eine bessere Zukunft. Wichtig ist in dieser Hinsicht die Schulbildung der Mädchen. Sie führt später zum Wohlergehen von Frauen und bietet ihnen die Möglichkeit einer Beschäftigung außer Haus. Zudem beeinflusst sie die Erziehung der Kinder, sie ist für die Handlungsfähigkeit von Frauen von zentraler Bedeutung.

Abschied von Ökometric

Im Jahr 1999 setzte das Umweltprogramm der Vereinten Nationen (UNEP) die Problematik der Dioxine und verwandter Schadstoffe auf die internationale politische Agenda. Schon in den Jahren zuvor hatten die Aktivitäten von Ökometric die Firma international bekannt gemacht und ihr Renommee stark wachsen lassen. Meine Position als UNEP-Experte festigte diese Entwicklung noch weiter. Weil es so gut lief, dachte ich lange gar nicht daran, die Firma zu verkaufen. Aber aus zwei Gründen fing ich nach und nach doch an, mit dem Gedanken zu liebäugeln, mich beruflich noch einmal neu zu orientieren.

Zum einen machte das POPs-Programm der UNEP natürlich auch andere Firmen weltweit auf die Problematik der Dioxine und PCBs aufmerksam. Neue Konkurrenten traten auf den Markt, manche von ihnen durchaus große Firmen mit einer Menge Kapital im Hintergrund. Ökometric war zwar gut aufgestellt, aber eine Rolle als Global Player hätte das immer noch kleine, spezialisierte Unternehmen eindeutig überfordert. Weder strukturell noch finanziell wären wir in der Lage gewesen, international an vorderster Front zu agieren.

Und es gab noch einen weiteren Grund: Die Geschäftsführung eines solchen Unternehmens, das zudem mit den gefährlichsten Giftstoffen überhaupt arbeitete, brachte viel Stress mit sich. Ich hatte wenig freie Zeit und trug eine immense Verantwortung. Einmal stand ich kurz vor dem, was man heute als Burn-out bezeichnet, ein anderes Mal wurde ich mit Verdacht auf Herzinfarkt ins Krankenhaus eingeliefert, der sich dann zum Glück nicht bewahrheitet hat. Wenn ich weitergemacht hätte, hätte meine Gesundheit mit Sicherheit Schaden genommen.

2001 lernte ich Jilles Martin kennen, den Vorstandsvorsitzenden von Eurofins Scientific, einem weltweit agierenden und expandierenden französischen Laborunternehmen im Bereich Umwelt-, Lebensmittel-, Pharma- und Produktanalytik. Er machte mir einen sympathischen und seriösen Eindruck als Geschäftsmann. Unsere Gespräche entwickelten sich konstruktiv, vertrauensvoll und insbesondere professionell. Auch seine Persönlichkeit beeindruckte mich sehr, das war der Grund, warum ich am Ende an ihn verkaufte. Er entstammte einer französischen Professorenfamilie aus Nantes und hatte mit 24 Jahren in New York in Mathematik promoviert. Seine Eltern entwickelten eine Methode, mit der sich die Authentizität von Weinen prüfen lässt, und er eröffnete mit dieser Innovation ein Labor, um teuren Weinen ein Zertifikat zu verleihen. Anschließend stieg er in den Umweltbereich ein und gründete Eurofins Scientific. Als wir uns kennenlernten, war er gerade dabei, eine größere Zahl an Laboren in der ganzen Welt aufzukaufen. Bei alldem blieb Herr Martin aber auch bescheiden, höflich und vertrauenswürdig. Unser renommiertes Speziallabor passte ganz genau in sein Geschäftskonzept. Mit seinem Versprechen, bei der Übernahme von Ökometric den Standort Bayreuth beizubehalten und die Arbeitsplätze zu bewahren, war ich überzeugt, dass die Zukunft meiner Firma gesichert sei. Als wir uns einig waren, sagte er ohne den leisesten Anflug von Trickserei, ich solle doch den Vertrag machen und meinen Notar hinzuziehen. Ein solches Vertrauen wie zu ihm konnte ich zu anderen Interessenten nicht aufbauen. So ging Ende 2002 Ökometric zu Eurofins Scientific über. Bereits im Jahr darauf wurde Ökometric als effizientestes Labor innerhalb des Konzerns ausgezeichnet. Gilles bot mir an, als Geschäftsführer in der Firma zu bleiben, das nahm ich auch an und arbeitete neue Mitarbeiter ein. Aber ich fühlte mich auch wie das fünfte Rad am Wagen und kam mit der Rolle als Angestellter nicht gut zurecht. Im Frühjahr 2004 verabschiedete ich mich endgültig. Wir legten vertraglich fest, dass ich mindestens zwei Jahre nicht zur Konkurrenz gehen würde. Der Standort Bayreuth existiert bis heute, das heißt bis 2024, und ich pflege immer noch Kontakte dorthin. Die Firma hat in der Zwischenzeit einen guten Weg eingeschlagen: Die Anzahl der Proben vervielfachte sich seit dem Jahr 2000. Gerade angesichts des harten Wettbewerbs auf internationaler Ebene, den man schon fast als stillen Wirtschaftskrieg bezeichnen kann, ist die Bedeutung dessen kaum zu überschätzen. Im 21. Jahrhundert ist China zu einem ernst zu nehmenden Wettbewerber herangewachsen und versucht in vielen Bereichen der Wirtschaft mit standardisierten Methoden und Verfahren eine dominante Rolle in der Welt zu spielen. Wer sich dagegen behaupten kann, hat eine große Stärke und Eurofins Scientific gehört offensichtlich dazu.

Für die Zeit nach Ökometric hatte ich schon einige Pläne geschmiedet, immerhin war ich mit 58 Jahren noch zu jung, um mich zur Ruhe zu setzen: Ich wollte in den USA an der Universität Berkeley (Kalifornien), wo unsere Tochter Nassim einige Semester studiert hatte, einen Lehrgang für Internationales Business-Management absolvieren und anschließend mit meinem gewaltigen Erfahrungsschatz als Berater von Firmen, Institutionen und Staaten weltweit im Bereich Umweltchemikalien tätig werden. Das war in der Tat eine schöne Idee, aber ich merkte, dass es für meine Frau und für mich erneut eine erhebliche Belastung bedeutet hätte, die mich möglicherweise gesundheitlich teuer zu stehen gekommen wäre. Darum planten wir um, zogen nach Stahnsdorf bei Berlin und kauften uns dort ein Haus.

Aber auch erneut im Umkreis von Berlin zogen wir uns nicht auf das Altenteil zurück: Da sich Simin in den letzten Bayreuther Jahren mit Immobilien beschäftigt hatte, eröffneten uns ihre Kenntnisse und Erfahrungen in diesem Moment eine ganz neue Chance. So stiegen wir gemeinsam ins Immobilienbusiness ein und betätigen uns noch zu der Zeit, in der dieses Buch entstand, in der Modernisierung und insbesondere der energetischen Sanierung von Gebäuden. Dazu bauten wir ein gut funktionierendes Team von Fachleuten auf. Bei einer energetischen Gebäudesanierung geht es darum, einzelne Maßnahmen aufeinander abzustimmen mit dem Ziel, den Energieverbrauch erheblich zu senken. Mit der neuesten Technik lässt sich eine Reduzierung der Energiekosten für fossile Brennstoffe und der CO_2-Emissionen um mehr als fünfzig Prozent erreichen. Zugleich gelingt es uns, die Wohnqualität der Häuser erheblich zu verbessern. Es ist ein Beitrag zum Klimaschutz und zur nachhaltigen Entwicklung, der ganz auf der Linie meiner früheren Tätigkeit liegt und mit dem Anliegen des Kyoto-Protokolls der Vereinten Nationen von 1997 übereinstimmt. Klimaschutz ist das Gebot unserer Zeit, das immer bedeutender wird. Wir freuen uns sehr, dass wir mit unserem Know-how seit fast zwanzig Jahren bereits einen kleinen Beitrag zu dieser großen Aufgabe leisten.

Gute Kontakte zu Freunden und Verwandten in den USA bewogen uns dazu, in San Diego ein Ferienhaus zu kaufen. So lebten wir nach dem Verkauf von Ökometric einige Jahre zeitweise im Sonnenstaat Kalifornien, unser Hauptwohnsitz blieb jedoch in Deutschland. Nach all den Jahren auf Reisen rund um die Welt war es eine anregende Erfahrung, nun ein neues Land, eine neue Kultur kennenzulernen und sich mit dem Leben dort vertraut zu machen – und zugleich eine deutlich entspanntere Alternative zum aufgegebenen Plan, in den USA beruflich noch einmal neu durchzustarten.

BILDTEIL

Der Autor als Kind vor seinem Vater (2. von links) und anderen Mitarbeitern in den Anfangsjahren der iranischen Fluggesellschaft

Der Autor als Jugendlicher bei seiner Leidenschaft, dem Bergsteigen

Djamshid Hossein Pour (hinten rechts) im Kreise seiner Kameraden, die sich wie er 1967 an Studentenprotesten beteiligt hatten, von der Universität verwiesen wurden und Militärdienst ableisten mussten

Der Autor gemeinsam mit seiner Frau Simin in der Frühzeit ihrer Beziehung

Die Eltern des Autors bei einem Besuch in Bayern im Jahr 1982

Der Autor als Geschäftsführer von „Ökometric – Bayreuther Institut für Umweltforschung“ in den 1990er-Jahren

Dr. Djamshid Hossein Pour mit Prof. Dr. Ehsan Yarshater (1920–2018), dem Direktor des Center for Iranian Studies an der Columbia Universität in New York, heute Ehsan Yarshater Center for Iranian Studies

Prof. Dr. Otto Hutzinger (1933–2012), der seinerzeit international führende Fachmann auf dem Gebiet der Dioxinforschung, Vorgesetzter, später Geschäftspartner und Freund des Autors

Der Autor mit Prof. Dr. Otto Hutzinger (rechts) und Prof. Dr. Shaw Watanabe vom Institut für Ernährung und Epidemiologie der Universität Tokio/Japan beim Dioxin-Symposium in Venedig im Jahr 1999

Ehepaar Simin und Djamshid Hossein Pour im Jahr 2007

Gruppenfoto bei einem Workshop des Weltumweltprogramms UNEP in Bangkok/Thailand im März 2001 zur Vorbereitung der Stockholmer Konvention über die persistenten organischen Giftstoffe; in der hinteren Reihe 4. von links der Autor

Vier: Was mich umtreibt – das Leben, die Wissenschaft und die Zerstörung der Umwelt

Bereits früh entdeckte ich mein Interesse am Bergsteigen, das sich später zu einer Leidenschaft entwickelte. In meiner Jugend eröffnete es mir eine wahrscheinlich zunächst unbewusst verspürte Unabhängigkeit und in Grenzen eine Freiheit der Selbstbestimmung. Die ersten gelungenen Versuche, die vertraute und sichere Umgebung zu verlassen, mich fortzubewegen und etwas Neues zu erleben, verliehen mir Kraft und Zufriedenheit. Dies war in unserer Umgebung nicht selbstverständlich.

Schon in meiner Jugendzeit sah ich im Bergsteigen also einen Weg, mir Freiräume zu schaffen, Schritt für Schritt aus der vertrauten Welt herauszugehen und mich auf neue Zusammenhänge einzulassen. Mein zweites großes Interesse galt den Büchern, iranischer wie ausländischer Herkunft, und ich habe gelesen, was ich in meinem Alter damals in die Hände bekam. Es war ein Drang in mir, nach mehr Raum zu suchen, der mir erlaubte, mehr zu wissen und mehr zu erleben, und das Lesen und das Bergsteigen boten ihn mir. Insofern steht beides für eine Suche, die das Vorgegebene überschreitet und gleichbedeutend mit einem ständigen Aufbruch ist.

Dank guter und inspirierender Lehrer in den naturwissenschaftlichen Fächern im Iran wurde mein Interesse auf diesem Gebiet nicht nur verstärkt, sondern nahm in diesen jungen Jahren bereits Einfluss auf mein Denken. Zwei Themen haben mich in diesem Zusammenhang ganz besonders gefesselt: das Periodensystem der chemischen Elemente und die Evolutionstheorie nach Darwin. Später habe ich noch weiter abstrahiert und das Leben an sich in den Blick genommen. Dies hatte zur Folge, dass sich mein Verhältnis zur Religion allmählich eintrübte, und je mehr ich mich mit der Naturwissenschaft beschäftigte, desto größer wurde mein Abstand zu dem vorherrschenden religiösen Denken. Schrittweise entfernte ich mich aus der Sicherheit der vertrauten traditionellen Denkweise und ging auf geistige Wanderschaft auf der Suche nach einem neuen tragenden Fundament. In vielen Jahren Unterwegssein in Studium, wissenschaftlicher Arbeit und beruflicher Tätigkeit habe ich in der Naturwissenschaft meinen Orientierungspunkt gefunden, der mir die ersehnten Gewissheiten anbietet. Ich bin davon überzeugt, dass diese Gewissheiten keinen endgültigen Charakter haben, dennoch fühle ich mich sehr wohl in meinem neuen intellektuellen Zuhause.

Im folgenden abschließenden Kapitel geht es mir besonders um drei Punkte, die für mich und meine Arbeit spätestens seit der Studentenzeit von tragender Bedeutung gewesen sind:

Zunächst nehme ich die Rolle der Wissenschaft in den Blick und kontrastiere sie mit dem religiösen Denken, das in meinem Heimatland traditionell und bis auf den heutigen Tag sehr stark ist.

Der zweite Abschnitt widmet sich dem Leben an sich, seiner Geschichte sowie der Geschichte seiner Erforschung. Hier werde ich ein wenig ausholen und grundlegende naturwissenschaftliche Zusammenhänge darstellen, insofern sie für die Frage, was das Leben sei, von Interesse sind, aber ich habe dabei versucht allgemeinverständlich zu bleiben.

Meine Leserinnen und Leser lade ich dazu ein, mir auf dem gedanklichen Weg zu folgen.

Der dritte Abschnitt schließlich dreht sich um meine Sorge um die Natur und das Leben, die durch das rücksichtslose Handeln der Menschheit in große Gefahr geraten sind. Dabei versuche ich einige Punkte hervorzuheben, die ich aus meiner Erfahrung in der internationalen Bekämpfung persistenter organischer Schadstoffe für entscheidend für das Verhältnis des Menschen zur Natur halte, um die dramatische Umweltzerstörung aufzuhalten.

Religion versus Wissenschaft

Ein neues geistiges Zuhause

Ein ganz anderes Weltverständnis als der Naturwissenschaft liegt dem religiösen Denken zugrunde, viele Tausende Jahre lang die einzige Form des Denkens, zu dem die Menschheit fähig war. Seine Universalität und die Tatsache, dass es auch in unserer Zeit nicht nur existiert, sondern dominiert, lassen es als kurzsichtig erscheinen, dieses Denken einfach als eine Sammlung von abergläubischen und irrigen Überzeugungen, insbesondere in rückwärtsgewandten islamischen Herrschaftssystemen, abzutun.

Das religiöse Denken beruht historisch gesehen auf der Furcht des Menschen vor dem Tod und erweist sich als Versuch, unkontrollierbare und bedrohliche Aspekte der Welt durch den Kult einer oder mehrerer Gottheiten in den Griff zu bekommen. Insbesondere in der Zeit vor der naturwissenschaftlichen Erforschung war das religiöse Denken eine instinktive Reaktion auf die Unverständlichkeit der Welt und ihrer Erscheinungen, denen der Mensch ergriffen gegenüberstand. Über die Vorstellung eines Unendlichen vergewisserte er sich seiner selbst und meinte damit die Rätsel des Daseins zu lösen. Der kritische Mensch steht im vorwissenschaftlichen Denken zwischen göttlicher und natürlicher Ordnung und die Erklärung, dass Gott als weiser Gesetzgeber und intelligenter Architekt fungiere, reicht ihm nicht aus.

Die Emanzipation der Wissenschaft von der Religion bedeutet, dass beide im Laufe von historischen Entwicklungen getrennte Wege gegangen sind, wobei die Religion nach und nach Zugeständnisse machen musste. Nach dem Tod von Galileo Galilei dauerte es dreieinhalb Jahrhunderte, bis die katholische Kirche diesen großen Naturwissenschaftler, Mathematiker und Philosophen rehabilitierte. Aus meiner Sicht heißt dies wiederum nicht, dass Religion und Wissenschaft miteinander verfeindet sein sollten und sich gegenseitig ausschließen. Man kann als Wissenschaftler durchaus an Gott glauben, aber braucht sich in seiner wissenschaftlichen Arbeit auch nicht von religiösen Autoritäten einengen und reglementieren zu lassen. Die Wissenschaft emanzipierte sich definitiv von der Religion. Vertreter der Religion und der Naturwissenschaft können sich durchaus gegenseitig kritisieren, aber sie dürfen nicht die Grenzen der friedlichen Koexistenz überschreiten.

Durch die Erklärung der Bewegungsgesetze der himmlischen und irdischen Körper verselbständigt und emanzipiert sich das wissenschaftliche Denken und hat die Freiheit, die objektive Wahrheit über die Welt zu erkunden.

Ein religiöses Herrschaftssystem basiert auf der Akzeptanz einer absoluten Wahrheit, die nicht in Frage gestellt werden darf. Eva pflückte entgegen dem göttlichen Verbot den Apfel vom Baum der Erkenntnis. Aber für Gott, der sich als der Eine sieht und keinen Widerspruch duldet, war dies die erste Sünde der Menschheit. Dabei ist es doch ein Grundbedürfnis des Menschen zu erkennen und zu wissen!

So stehen sich nun mit der Religion und den Naturwissenschaften zwei mächtige Denksysteme gegenüber, zwischen denen im Westen ein Waffenstillstand dank Aufklärung und Laizismus besteht. Immer wieder gerieten Naturwissenschaftler in Konflikte mit der Geistlichkeit, von Galilei und Darwin bis hin zu klugen Köpfen in der Geschichte des Iran, und zogen dabei sehr oft den Kürzeren – oder ließen wie Kopernikus aus Furcht vor Repression ihre bahnbrechenden Erkenntnisse erst posthum veröffentlichen.

In dieser Auseinandersetzung beziehe ich sehr klar Stellung aufseiten der Naturwissenschaft, von engstirnigen religiösen Ansprüchen fühle ich mich abgestoßen. Naturwissenschaft – das heißt für mich, ständig unterwegs zu sein wie ein Bergsteiger, nie die Gewissheit zu haben, dass der aktuelle Stand der Forschung wirklich der Weisheit letzter Schluss ist, auf dem wir uns ausruhen dürfen. Naturwissenschaft – das ist für mich ein radikales Fehlen absoluter Gewissheiten und eine stetige Suche nach der besseren Theorie. Auch wenn uns Menschen dieses Abenteuer einiges abverlangt, so gilt es, die Unsicherheit auszuhalten und uns dennoch in unserer Welt zu Hause zu fühlen. Ich bin felsenfest davon überzeugt, dass es die klügste Antwort auf die Geheimnisse der Natur ist, wenn wir uns unseres Nichtwissens bewusst bleiben, uns die Neugier bewahren und allezeit bereit sind, liebgewordene Glaubenssätze über Bord zu werfen, sobald die Forschung sich weiterentwickelt. Den Gedanken des britisch-österreichischen Philosophen Karl Popper, dass unsere Lehren immer nur vorläufig sind und nur so lange Gültigkeit beanspruchen können, bis die Wissenschaft bessere Ansätze entwickelt hat, finde ich bestechend. Ja, es kann keinen eigentlichen positiven Beweis für eine Theorie geben, wie Popper sagte, sondern sie wird ihre Stärke nur untermauern, wenn sie sich allen denkbaren kritischen Einwänden stellt und sich dabei nicht als falsch erweist.

In seiner „Logik der Forschung" vertritt Popper die These, dass die beste Methode der Erkenntnistheorie darin bestehe, die fortschrittlichste Form des Lernens, das heißt die Methode der Naturwissenschaft, zu studieren. Das Herzstück seiner Lehre ist die Kritik. Aus der Kritik gehen die innovativsten Schritte in der Wissenschaft hervor.

Wovon wir uns allerdings ebenfalls abgrenzen müssen, ist ein Bild der Wissenschaft als Welt nackter, überheblicher Zahlen, die ähnlich wie die Götter eine unbeschränkte Autorität beanspruchen. Auch wenn es Naturwissenschaftler geben mag, die eine solche Haltung pflegen, weil sie ihnen Prestige und Forschungsgelder einbringt, so ist sie ein tiefes Missverständnis dessen, was Wissenschaft und Forschung wirklich sind: eine mühevolle Suche, mitunter überhaupt erst nach einer treffenden Problemstellung, ohne die es gar keine sinnvollen Resultate geben kann. Daraus schälen sich meist erst nach und nach Lösungen oder Teillösungen heraus, auf andere Teilprobleme lassen sich vielleicht gar keine Antworten geben. Dies einzugestehen mag allzu selbstbewussten Vertretern unserer Zunft schwerfallen. Aber sie bleiben eine Ausnahme und bieten keinen Grund für Wissenschaftsfeindlichkeit – denn die meisten Naturwissenschaftler sind sich der Grenzen ihrer Erkenntnis sehr wohl bewusst.

Naturwissenschaftliche Forschung ist eines der wunderbarsten menschlichen Abenteuer, bei dem es gilt, über die Welt nachzudenken und bereit zu sein, bisherige Gewissheit über Bord zu werfen. So drückt es der Italiener Carlo Rovelli aus, der zu den bedeutendsten Naturwissenschaftlern unserer Zeit gehört. Er ist dem größten ungelösten Problem der modernen Naturwissenschaft auf der Spur, der Frage nach der Vereinheitlichung von Einsteins Relativitätstheorie und der von Heisenberg und anderen entwickelten Quantentheorie, die bislang niemandem gelungen ist. Zudem ist ihm die großartige Gabe zu eigen, seine Gedanken elegant und allgemeinverständlich zu Papier zu bringen – er hat eine ganze Reihe an Büchern geschrieben, die auch neugierige Laien gut lesen können.

Mendelejews Periodensystem der Elemente und Darwins Evolutionstheorie als brillante Beispiele innovativer Naturwissenschaft

Oben habe ich bereits erwähnt, dass das Periodensystem der chemischen Elemente und die Lehre Charles Darwins bedeutende theoretische Grundlagen der Naturwissenschaft darstellen, die mich zutiefst beeindruckt und damit auch dauerhaft in den Bann der Naturwissenschaft gezogen haben. Die chemischen Elemente sind die Bausteine des Lebens unserer Erde und des ganzen Universums. Das Periodensystem zählt zu den wichtigsten Errungenschaften der Wissenschaftsgeschichte und den Musterbeispielen für die exakte Wissenschaft. Vor über 150 Jahren entdeckte es der russische Chemiker Dimitri Mendelejew – ein sehr bedeutender Versuch, in der materiellen Welt eine Ordnung zu erkennen. Allein die Tatsache, dass sich alle Elemente in so ein elegantes System einfügen, ließ weitere Entdeckungen erhoffen.

Der Aufbau, die Einordnung und die Eigenschaften der chemischen Elemente haben mich schon als Schüler fasziniert und diese Faszination hält bis heute an. Aufgrund der Exaktheit des Periodensystems sagte Mendelejew die Existenz einiger Elemente voraus, die man damals nicht kannte, die es aber gab und die tatsächlich erst einige Jahre später entdeckt wurden. Im 20. Jahrhundert versuchten führende Naturwissenschaftler den Geheimnissen des Periodensystems auf den Grund zu kommen und gingen der Frage nach, warum es genau so strukturiert ist, wie es ist. Diese Bemühungen führten unter anderem zur Entwicklung der Quantentheorie und die Quantentheorie lieferte wiederum die theoretische Grundlage für das Verständnis des Periodensystems. Angesichts seiner eminenten Bedeutung rief die UNO zum 150. Jahrestag seiner Entdeckung 2019 das „Internationale Jahr des Periodensystems der chemischen Elemente“ aus (International Year of the Periodic Table of Chemical Elements, IYPT2019).

Die Geschichte der Entstehung und der Entdeckung der chemischen Elemente erklärt uns nicht nur die Entstehung der Chemie als Wissenschaft, sondern führt zum Verständnis der Natur, die Zusammensetzung unseres eigenen Körpers eingeschlossen.

Das Atomgewicht oder mit anderem Namen auch die Atommasse (die bei den in der Natur verbreitetsten Elementen am kleinsten ist) bedingt die Eigenschaft des jeweiligen Elementes. Der Körper eines siebzig Kilogramm schweren Menschen besteht zum Beispiel aus 44 Kilogramm Sauerstoff, 14 Kilo Kohlenstoff, 7 Kilo Wasserstoff, 2,1 Kilo Stickstoff und 2,9 Kilo sonstigen Elementen.

Wenn es um das Periodensystem geht, so muss ich stets an ein Zitat des genialen Physikers Niels Bohr (1885–1962) denken: „Aufgabe der Naturwissenschaft ist es nicht nur, die Erfahrung zu erweitern, sondern in diese Erfahrung eine Ordnung zu bringen." Die Größe des Atomgewichts bedingt wie gesagt die Eigenschaften der Elemente. Die in der Natur verbreitetsten Elemente haben kleine Atomgewichte. Ohne Periodensystem hätten wir nicht den Wissensstand der Chemie heute. Im 20. Jahrhundert versuchten viele Physiker wie Joseph John Thomson (1856–1940), Niels Bohr und Wolfgang Pauli (1900–1958) die Geheimnisse des Periodensystems zu enthüllen. Thomson, der Entdecker des Elektrons, erklärte die Elektronenkonfiguration, das heißt die spezifische Anordnung der Elektronen in einem Atom. Niels Bohr entwickelte die Elektronenkonfiguration weiter und lieferte die entscheidende Erklärung, warum die Elemente sich periodisch wiederholen. Wolfgang Pauli verfeinerte die Theorie der Elektronenkonfiguration und schlug vor, dass Elektronen einen bisher unbekannten, in der Folge als Spin bezeichneten Freiheitsgrad besitzen.

Später erfasste ich, dass sich die im Periodensystem geordneten chemischen Elemente auf physikalische Eigenschaften ihrer Teilchen zurückführen lassen. Dieser Gedanke brachte mich wiederum mit der Quantentheorie in Verbindung, die das Verhalten von Materie im atomaren und subatomaren Bereich beschreibt: Jede Form von Materie ist aus Atomen zusammengesetzt. Auf der subatomaren Ebene stehen kleinste atomare Teilchen wie Elektronen, Neutronen, Protonen und andere untereinander in Wechselwirkung und prägen die Eigenschaften der Materie entscheidend. Und doch scheint es ein Etwas zu geben, das dieser Reduktion auf die Elementarteilchen widerspricht. Die Quantentheorie lehrt uns, dass die Elementarteilchen nicht mehr die klassischen Eigenschaften der Materie besitzen, sondern schwingende Energie- oder Kraftfelder sind, die in Beziehungsstrukturen existieren. Die

Elemente legen eine so ausgeprägte Individualität an den Tag, während sie zugleich den Grundlagen der physikalischen Gesetze der Quantentheorie gehorchen. Diese Individualität der Elemente gehört zu den großen Mysterien der Naturwissenschaft, ja zu den größten Rätseln der Natur: Warum, so habe ich mich seit Beginn meiner wissenschaftlichen Beschäftigung mit der Chemie gefragt, führt das Element Chlor zu einer solchen Lebensvernichtung, wie wir sie seit der Freisetzung dieses wahrhaften Teufelszeugs durch den Menschen im 20. Jahrhundert kennen, und warum stiftet das Element Sauerstoff im Gegensatz dazu seit den frühen Phasen der Erdgeschichte Leben, obwohl beide Elemente im Gaszustand existieren? Das ist ein Mysterium. Jedoch wurde mir nach einiger Zeit klar, dass das Chlor in der Natur nur gebunden mit anderen Elementen vorkommt und wir Menschen das Chlor freigesetzt und so eine Menge Unheil angerichtet haben.

Die schweren Elemente des Periodensystems mit hohem Atomgewicht sind nicht alle auf einmal entstanden, sondern vielmehr aus leichteren wie Wasserstoff hervorgegangen, waren also nicht nach einem Schöpfungsakt plötzlich vorhanden. Sterne wirken wie Schmelzöfen, in denen die meisten chemischen Elemente geschmiedet wurden. Es sieht so aus, dass sich auch in der Chemie eine Evolution von den leichteren hin zu den schwereren Elementen ereignete.

„Das periodische System" ist ein autobiografisches Buch von Primo Levi, einem Chemiker, zeitweisen Partisan und Auschwitzgefangenen, der unter anderem sein Leben anhand von chemischen Elementen erzählt. Er findet eine wissenschaftliche Form der Selbstdarstellung. Sein Werk fasziniert mich sehr. Die Faszination, die das Periodensystem der chemischen Elemente schon als Schüler auf mich ausgeübt hat, bestätigte sich im Laufe meines Werdegangs als Naturwissenschaftler also, ja verstärkte sich noch, je mehr ich mich in die Sache vertiefte.

Wir Menschen staunen bekanntermaßen nicht nur über unsere Existenz, sondern auch über die der Natur. Lange Zeit haben wir uns mit der Erklärung des Daseins nach der Schöpfungsgeschichte begnügt, wonach alles auf einen Schlag entstanden ist. Der britische Naturwissenschaftler Charles Darwin (1809–1882) fand im 19. Jahrhundert eine andere Erklärung: Er entdeckte in der Natur nach langer Beobachtung gewisse Ähnlichkeiten zwischen den Tieren und uns Menschen. Die Pflanzen ähneln uns weniger, aber besitzen untereinander gewisse Ähnlichkeiten. Darwin formulierte das Prinzip der endlosen Entwicklung. Er war seiner Zeit weit voraus, weil er auch die gegenseitigen Abhängigkeiten und verwickelten Beziehungen von Tieren und Pflanzen richtig einschätzte. In seinem bahnbrechenden Werk „On the Origin of Species" („Über die Entstehung der Arten") entfaltete Darwin den Gedanken, dass sich Lebewesen, also Tiere ebenso wie Pflanzen, an ihre unterschiedlichen Lebensräume und -bedingungen anpassen und sich im Laufe von Jahrmillionen in einem offenen Prozess weiterentwickeln. Darwin formulierte auch den Gedanken, dass wir keine einzigartigen Wesen sind, die von einem allmächtigen Gott erschaffen wurden, sondern biologische Lebewesen, die durch Evolution aus einfacheren Tieren, das heißt unseren früheren Vorfahren, hervorgegangen sind. Um es mit den Worten des Chemienobelpreisträgers Ilya Prigogine (1917–2003) zu sagen: Darwin hat uns damit erklärt, dass „der Mensch in die biologische Evolution eingebettet ist" und nicht als Krone der Schöpfung zu gelten hat. Wir sollen uns nicht so wichtig nehmen, das ist Darwins Botschaft. Man mag hinzufügen: Wenn wir uns schon wichtig nehmen, sollten wir auch unser Potenzial zum Nutzen von Leben und Natur ausschöpfen.

Der Gedanke, dass Mensch und Affe dieselben Vorfahren haben, der Mensch über Millionen von Jahren hinweg zu einem aufrechten Gang gelangt sein und dadurch sein Überleben gesichert haben soll, begeisterte mich als Schüler. Zugleich erweckte diese Theorie in mir große Zweifel an der Schöpfungsgeschichte und damit an der Existenz Gottes. Darwins Gedankenwelt beschäftigte mich so sehr, dass ich damit meinen Eltern und vor allem meinem Großvater ständig auf die Nerven ging. Dessen Antwort war ziemlich einfach: „Wenn der Mensch imstande ist, ein Ei ohne Huhn herzustellen, dann glaube ich dir."

Darwins Evolutionstheorie oder die Theorie der natürlichen Selektion hatte die damalige Wissenschaftsgemeinschaft erschüttert. Darwin formulierte den fundamental neuen Ansatz einer zeitabhängigen Entwicklung in den Naturvorgängen und stellte damit die selbstverständliche Annahme aller anderen Naturwissenschaftler infrage, dass die Welt von vermeintlich ewigen Naturgesetzen geprägt und Tiere wie auch Pflanzen in einem einmaligen Schöpfungsakt geschaffen worden seien. Seine Evolutionstheorie ging sogar über den damaligen Erkenntnisstand hinaus und revolutionierte das vorherrschende Weltbild, denn sie lieferte die wissenschaftliche Erklärung für die Entstehung und Veränderung aller biologischen Spezies. In der zweiten Hälfte des 20. Jahrhunderts gab ihm die Genetik recht, als sich mithilfe der DNA-Analyse die Verwandtschaft des Menschen mit dem Affen beweisen ließ.

Wenn wir nach Vorbildern fragen, die einen leiten, so waren es bei mir, fast seit ich denken kann, Naturwissenschaftler, die sich nicht mit dem zufriedengaben, was sie vorfanden. Mendelejew und Darwin zum Beispiel sind zwei herausragende Gestalten, die die Grenzen unserer Erkenntnis geweitet und uns in fundamentalen Fragen ein besseres Wissen vermittelt haben.

Was ist Leben?

Das Leben mit all seiner Schönheit und all seinem Zauber ist für mich das faszinierendste Phänomen in der schier unendlichen Weite des Alls. Bislang ist es der Menschheit noch nicht gelungen, ihm das Geheimnis seiner Entstehung zu entlocken. Wie konnte sich Leben ohne einen göttlichen Schöpfungsakt herausbilden? Wir wissen es nicht sicher. Immerhin gibt es Anhaltspunkte, Hypothesen, Vermutungen, an die die Forschung anknüpfen kann, wenn sie schon keine allgemein oder weitgehend anerkannte Erklärung dafür anzubieten hat, wie das Leben aus unbelebter Materie entstanden ist. Dieses Thema beschäftigt mich schon sehr lange und ich möchte die Gelegenheit nutzen, es an dieser Stelle in einem größeren Kontext zu entfalten. Zwei Leitfragen weisen mir dabei den Weg: Welche Entwicklungsschritte bei der Entstehung des Lebens kennen wir? Und wie ist die naturwissenschaftliche Forschung zu dem Wissensstand über das Leben gelangt, den sie derzeit hat? Die erste Frage betrifft die Geschichte der Entstehung des Lebens, die zweite die Geschichte der Entdeckung des Lebens. Wir haben es also zunächst mit Naturgeschichte zu tun und in einem zweiten Schritt mit Forschungsgeschichte. Beides gilt es, exakt auseinanderzuhalten, völlig voneinander zu trennen ist es nicht.

Die Entstehung des Lebens, auf drei Akte verkürzt

Widmen wir uns zunächst der ersten Frage und stellen uns einmal vor, das Leben sei in drei Akten entstanden. Akt 1 handelt von der Herausbildung der Elemente: Vor etwa vierzehn Milliarden Jahren ereignete sich eine große Explosion, bekannt als Urknall, und nach ganz kurzer Zeit bildeten sich Wasserstoffatome zu etwa neunzig Prozent aller vorhandener Materie und Heliumatome zu ungefähr zehn Prozent. Durch die Kondensation von beiden Atomarten entstanden Sterne. Alle anderen Elemente (0,1 Prozent) entwickelten sich zusammen mit den Sternen unter dem Einfluss hoher Temperaturen und der Freisetzung von Energie. Die Elementenverteilung im Universum spiegelt eindrucksvoll die Lebensgeschichte der Sterne wider.

Die Erde hat vor Milliarden Jahren viele Wassermoleküle in Form von sehr kaltem Eis aus dem Weltall auf ihrer Oberfläche gesammelt, das durch die Sonnenwärme flüssig wurde. Die Gesamtmenge des Wassers auf unserem Planeten bleibt seit sechs Milliarden Jahren konstant. Wie wir heute wissen, ist das Leben mit der Sonnenstrahlung verbunden. Erst mit ihrer Energie kann es sich entwickeln. Das Sauerstoffmolekül (O_2) ist aus der Biochemie des Wassers durch Fotosynthese auf unserer Erde entstanden. Wissenschaftler vermuten, dass Wasser von Kometen stammt – Klumpen aus Eis und Staub, die sich ursprünglich am Rande unseres Sonnensystems bildeten. Später begann durch Sonnenstrahlung ein organisiertes biologisches System aus den in Kapitel 2 bereits genannten sieben chemischen Elementen, Atomen, und im weiteren Verlauf der Entwicklung aus sieben Molekülen (welche aus Atomen zusammengesetzt sind) die Grundlagen des Lebens zu liefern.

Diese sieben Atome sind Wasserstoff, Kohlenstoff, Sauerstoff, Stickstoff, Schwefel, Phosphor und Eisen; sie sind bei der Entstehung unseres Sonnensystems von anderen Galaxien und Sternen im All zu uns gelangt und gelten als die Bausteine des Lebens. Die großen Gestirne haben also dazu beigetragen, Voraussetzungen für eine biologische Entwicklung auf der Erde zu schaffen. Diese

Atome als die ersten Hauptdarsteller im Schauspiel des Lebens sind wahrhaft Geschenke des Universums!

Akt 2, die Entstehung von Flora und Fauna, beginnt möglicherweise mit einem Sprung von unbelebten Molekülen zu belebten Einzellern, der auf unserer Erde vor etwa 3,8 Milliarden Jahren in einer „Ursuppe" aus Wasser, Schwefelwasserstoff, Methan und Ammoniak gelungen sein könnte. Genau ist dies aber nicht mehr zu klären. Daraus könnten Aminosäuren entstanden sein, die Proteine bilden – lebenswichtige Bausteine für Organismen. Die ersten 1,5 Milliarden Jahre bestand das Leben ausschließlich aus Bakterien, die die Fotosynthese erfanden. Über eine Zwischenstufe, die Eukaryoten, deren Zellen im Gegensatz zu Bakterien einen echten Kern und verschiedenartige Zellräume mit bestimmten Funktionen hatten, entwickelten sich die Bakterien zu den ersten größeren, komplexen und vielseitig organisierten Strukturen und aus ihnen entstand wiederum die ganze Vielfalt des Lebens von Pflanzen und Tieren, die bis heute das Bild unserer Erde prägt. Lebewesen sind organisierte Einheiten, die unter anderem zu Stoffwechsel, Fortpflanzung, Wachstum und Evolution fähig sind.

Blicken wir in den dritten und letzten Akt, der allein vom Menschen handelt: Vor etwa zwei Millionen Jahren (manche Schätzungen gehen von 2,3 bis 2,8 Millionen Jahren aus) betrat in Afrika ein neuer Akteur die Bühne. Es war der Menschenaffe, mit dem wir äußerlich gewisse Ähnlichkeiten haben. Dieses neue Lebewesen war ein recht unauffälliges Tier. Später bildeten sich verschiedene Gattungen dieses Menschenaffen heraus.

Zu Beginn unserer Entwicklung waren wir Menschen also eher Tiere, aber es ist uns gelungen, vorauszudenken und im Gegensatz zu den Tieren in unseren Lebensräumen einzugreifen, um weitgehend stabile und sichere Bedingungen zu schaffen.

Der moderne Mensch (Homo sapiens) entstand in Ostafrika vor 300.000 Jahren und der älteste Beleg für ihn sind die Knochen, die in Jebel Irhoud in Marokko entdeckt wurden. Auch der Homo sapiens war Zehntausende Jahre unauffällig und ernährte sich als Jäger und Sammler von Pflanzen und Tieren. Vor 70.000 Jahren begann er sich über den Nahen Osten und die gesamte Erde zu verbreiten.

Vor 12.000 Jahren trat ein entscheidender Wandel ein. Mit seinen weit entwickelten kognitiven, kommunikativen und kooperativen Fähigkeiten im Vergleich zu anderen Tieren entschied sich der Homo sapiens nicht mehr zu den Statisten auf dieser Bühne zu gehören, sondern die erste und wichtigste Rolle zu spielen. In der heutigen Südtürkei, im Westiran und am östlichen Mittelmeer begann er sesshaft zu werden, Landwirtschaft zu betreiben und sich fortan im weitesten Sinne kulturell weiterzuentwickeln. Er kann sowohl schöpferisch wie auch zerstörerisch handeln. Eine der jüngsten Errungenschaften des modernen Menschen ist die wissenschaftliche Revolution, die es ihm nun auch ermöglicht, die Geschichte der Entstehung des Lebens zu erfassen und bis zu einem gewissen Punkt auch Erklärungen dafür zu liefern.

Die wissenschaftliche Erforschung des Lebens

Über drei Jahrhunderte sind seit dem Werk „Die mathematischen Grundlagen der Naturphilosophie“ (1686) Isaac Newtons (1643–1727), eines der größten Physiker aller Zeiten, vergangen. Die Wissenschaft hat sich seither rasant entwickelt und durchdringt inzwischen unser aller Leben.

Unser Horizont hat sich auf einen phantastischen Umfang erweitert. Im mikroskopischen Bereich untersucht die Elementarteilchenphysik Prozesse in einer Größenordnung von 10^{-22} Sekunden, also dem zehntrilliardsten Teil einer Sekunde, und auf der anderen Seite führt uns die Kosmologie hin zu einer Maßeinheit von 10^{10} Lichtjahren, dies ist eine zweistellige Milliardenzahl.

Die großen Begründer der Wissenschaft betonen die Universalität und den ewigen Charakter der Naturgesetze. Alles, was existiert, ist systematisch, also im logischen Sinne, kausal miteinander verknüpft. In der klassischen Physik herrschte die Vorstellung, dass im Grunde alles einfach sei. Die unübersehbare Komplexität der Welt, die uns umgibt, galt nur als Ausdruck der vielen Wechselwirkungen der kleinen Teile untereinander und wurde allein auf deren große Zahl zurückgeführt. Die klassische Wissenschaft suchte nach umfassenden Strukturen, in denen es für spontane, unerwartete Entwicklungen kaum Lücken geben sollte. In diesen Strukturen sollte alles, was geschieht, zumindest im Prinzip vollkommen und aus unwandelbaren allgemeinen Gesetzen heraus erklärbar sein. Die genaue Kenntnis der Gegenwart sahen die Vertreter dieser hochgradig exakten Wissenschaft als Schlüssel für die ebenso exakte Vorherbestimmung der Zukunft, ihr Akzent lag eindeutig auf zeitunabhängigen Gesetzen.

Jahrhundertelang hat die klassische Physik störende Einflüsse beim Experimentieren auszuschließen versucht, um so etwa zu allgemeingültigen Formeln für die Bewegung zu gelangen. Dies bot durchaus Vorteile. So hätte Galilei kaum die Gesetze des freien Falls entdeckt, wenn er sich mit den komplizierten Formeln des Luftwiderstands oder gar mit der Schwankung der Erdanziehung, der Gravitation, hätte herumschlagen müssen. Der Zeitfaktor war aus der klassischen Dynamik verbannt, alle zeitlichen Vorgänge konnten also ebenso gut rückwärtslaufen, das heißt, die Ereignisse erschienen reversibel, umkehrbar.

Die klassische Naturwissenschaft bewegte sich sehr lange Zeit vor allem auf einer mikroskopischen Ebene. Sie reduzierte ihre Weltsicht auf die Atome und sah in ihnen ihr Ideal der Determiniertheit, der Bestimmtheit all dessen, was sich in der Natur ereignet, erfüllt. Doch darin irrte sie. Dieser gigantische Traum ist heute als gescheitert anzusehen.

Dramatische Umwälzungen ereigneten sich in der Naturwissenschaft, als zwei Welten aufeinanderprallten: einerseits die Welt der Dynamik im Sinne der klassischen Physik nach Newton, in der das Gesetz der Reversibilität gilt, wonach natürliche Vorgänge auch rückgängig gemacht werden können. So wird die mechanische Bewegung eines Baumastes im Wind normalerweise nicht zu einer unumkehrbaren Veränderung des Baumes führen. Auf der anderen Seite steht die Welt der Thermodynamik, in der die Vorgänge nach dem Fourier'schen Gesetz von 1822 wie ein einzelnes Ereignis irreversibel sind. Der französische Mathematiker und Physiker Joseph Fourier (1768–1830) entdeckte, dass ein Wärmefluss von einem Stoff zu einem anderen immer nur in die Richtung geringerer Wärme geht und nie umgekehrt – zum Beispiel wird ein Heizkörper regelmäßig wärmer sein als die Raumluft; kochend heißes Wasser kühlt sich in der Kaffeetasse stets ab. Wie wir wissen, kommen in der Natur reversible Prozesse tatsächlich selten vor. Meistens sind es irreversible Prozesse, die mit Energieabgabe verbunden sind.

Das Fourier'sche Gesetz als erste Formulierung eines solchen irreversiblen Prozesses und die sich entwickelnde

Evolutionstheorie brachten Einsicht in die Unzulänglichkeit und Inkonsistenz der exakten Wissenschaft Newton'scher Prägung. So existierten zunächst die statische Auffassung der klassischen Dynamik und die evolutionäre Auffassung der Thermodynamik nebeneinander her. Eine Konfrontation zwischen beiden Auffassungen wurde jedoch mit zunehmender Dauer unausweichlich. Lange schob man sie hinaus, indem man die evolutionäre Beschreibung als eine Illusion auffasste, als Näherung, und meinte, der Mensch führe die Zeit in ein zeitloses Universum ein. Nach diesem Modell ist die Irreversibilität auf eine Täuschung zurückzuführen. Dies kann die Wissenschaft heute nicht mehr akzeptieren, denn wir wissen, dass Irreversibilität eine Quelle der Entwicklung, Diversifikation und sogar der Instabilität ist. Wir sind dabei, die Brücke von der statischen, in einem geschlossenen System existierenden Natur zum offenen System einer dynamischen Natur zu schlagen. Damit gelangen wir von einem universalen, stets wiederherstellbaren Gleichgewichtszustand zu einem spezifischen, einmaligen Zustand im Ungleichgewicht. Dafür müssen wir allerdings einige der grundlegenden Begriffe, wie etwa die Zeit in der Naturwissenschaft, revidieren. Das Bild der Natur hat sich grundlegend geändert, hin zum Mannigfaltigen, zum Komplexen. Dieser fundamentale Wandel steht in der Geschichte der Naturwissenschaft beispiellos da. Die Fotosynthese ist ein gutes Beispiel für ein hochkomplexes irreversibles biochemisches Organisationsphänomen, das für das Leben wichtige Randbedingungen erschafft und stabilisiert.

Ein lebender Organismus ist durch ein ständiges Fließen und Sichverändern in seinem Stoffwechsel charakterisiert, in dem Tausende von chemischen Reaktionen stattfinden. Zum chemischen und thermischen Gleichgewicht kommt es, wenn all diese Prozesse zum Stillstand kommen. Ein Organismus im Gleichgewichtszustand ist ein toter Organismus.

Behalten wir zunächst einmal diesen Gedanken der Irreversibilität der meisten natürlichen Vorgänge im Auge, um zu verstehen, welche Veränderungen sich im Verständnis des Lebens im 20. Jahrhundert vollzogen haben.

Die Entdeckung des Erbguts der Zelle

In der ersten Hälfte des letzten Jahrhunderts stellten bemerkenswerterweise nicht Biologen, sondern Physiker wie Erwin Schrödinger (1887–1961), Niels Bohr (1885–1962) und Max Delbrück (1906–1981) die Frage nach dem Wesen des Lebens.

Erwin Schrödinger betrachtete in seinem Essay „Was ist Leben?“ die lebende Zelle mit den Augen eines Physikers. Er war fasziniert von dem von Max Delbrück entwickelten Delbrück-Modell über die Natur der Mutation und der Struktur der Gene, die bei allen Lebewesen die Erbinformationen tragen. In einer interdisziplinären Arbeit, an der mit anderen auch Delbrück beteiligt war, ließ sich der Nachweis führen, dass die Gene der Organismen als „Atomverband“ zu verstehen sind und damit der Physik zufallen. Das Erbmaterial kann von energiereichen Strahlen getroffen und dabei verändert werden, also mutieren. Max Delbrück war seinerseits von der Vorlesung Niels Bohrs zum Thema „Licht und Leben“ sehr beeinflusst. Bohr hatte für die Biologie dasselbe Verfahren wie in der Physik vorgeschlagen, nämlich ein möglichst einfaches Gebilde zu suchen, um sich mit seiner Hilfe an allgemeingültige Gesetze – in Analogie zu seinem, dem Bohr'schen Atommodell – heranzutasten. In der Physik konnte man auf das Wasserstoffatom zurückgreifen. Max Delbrück fand als Pendant zum Wasserstoff für die Genetik und das Leben die einfachen Gebilde der Viren und Bakterien. Die dazugehörigen Forschungen machten den Weg frei für die neu entstehende Molekularbiologie.

Delbrück und der Mediziner Salvador Luria (1912–1991) untersuchten damals unter dem Mikroskop Partikel, die Bakterien angreifen und zerstören können. Ihnen war aufgefallen, dass nach einer gewissen Zeit der Vermehrung nicht mehr alle Bakterien diesen sogenannten Bakterienfressern oder Phagen zum Opfer fielen. Einige Zellen überlebten nun den Angriff. Sie waren resistent geworden. Wie war es dazu gekommen? Hatten sich die Bakterien den Phagen gezielt angepasst oder war ihnen eine zufällige Änderung des -genetischen Materials, eine Mutation, zu Hilfe gekommen? Luria und Delbrück gelang 1943 tatsächlich der Nachweis, dass die Bakterien aufgrund einer spontanen Mutation resistent geworden waren. Diese Arbeit ermöglichte mit einem Schlag eine genetische Analyse von Bakterien. Das neue Fach Molekularbiologie stieß auf ein gewaltiges Interesse, als 1946 entdeckt wurde, dass Bakterien und Phagen (Bakterienfresser) auch sexuell miteinander aktiv sind, also genetisches Material austauschen und neu kombinieren. Die moderne Genetik gelangte 1953 an ihren Höhepunkt, als die Struktur des Erbmaterials ermittelt werden konnte. Es ging dabei um die Gene, die das Entscheidende für das Verständnis des Lebens aus biologischer Sicht zu sein schienen. 1953 präsentierte das US-amerikanisch-britische Duo James Watson (geb. 1928) und Francis Crick (1916–2004) die heute bekannte Struktur der DNA in Form der legendären Doppelhelix. Dafür erhielten sie 1962 den Nobelpreis.

In den folgenden Jahren erforschte eine wachsende Zahl von Genetikern, Molekularbiologen und Biochemikern die

Wege, auf denen Organismen die genetischen Informationen verarbeiten. Man fand heraus, dass in der Zelle für das Leben elementare Reaktionen ablaufen wie Zellteilung, Immunreaktion, die Blutversorgung, der Stoffwechsel, die Verteilung von Signalen und vieles mehr. Zu den überraschenden Entdeckungen der Molekularbiologie gehören Proteine, die Zellen gezielt absterben lassen. „Auch Sterben gehört zum Leben" (Buch: Leben heißt Sterben von Heinrich K. Erben, Ullstein). Vieles spricht dafür, dass der Tod einzelner Organismen nicht die Folge von Materialverschleiß ist, sondern einen genetisch programmierten aktiven Prozess darstellt.

In der Biologie wird die Frage „Was ist Leben?", die mich wie erwähnt schon lange beschäftigt, nicht mit mathematischen Formeln, sondern mit der Beschreibung von Merkmalen beantwortet, zu denen außer dem Erbmaterial, also den Genen, ein umschlossener Raum gehört: der der Zellen und ihrer Umhüllungen. Diese Membranen sorgen dafür, dass die Zellen nicht „auseinanderfliegen". Das Leben in einen Satz oder ein Gesetz zu fassen wird nicht gelingen. Man kann aber einen seiner wesentlichen Aspekte so beschreiben: Leben ist ein Netzwerk der Prozesse, die in den abgegrenzten Einheiten der Zellen aktiv und in der Lage sind, sich selbst zu reproduzieren und sich damit zu erhalten. Es handelt sich um einen dynamischen Prozess von Stoffwechsel, Vermehrung, Anpassung, Wachstum oder ganz allgemein Bewegung.

Das elementarste lebende System ist also eine Zelle, genauer eine Bakterienzelle. Alles biologische Leben, also Tiere, Pflanzen, Menschen und Mikroorganismen, besteht aus Zellen. Oder anders ausgedrückt: Ohne Zellen ist kein Leben denkbar. Heute wissen wir, dass sich alle Lebensformen aus Bakterienzellen entwickelt haben. Als die ältesten

Bakterienzellen gelten die sogenannten Cyanobakterien, die Vorläufer der in der Erdgeschichte ebenfalls sehr früh entstandenen Blau- und Grünalgen, deren chemische Spuren in den ersten Fossilien gefunden wurden. Einige dieser blaugrünen Bakterien sind in der Lage, ihre organischen Bestandteile ausschließlich aus Kohlendioxid, Wasser, Stickstoff und reinen Mineralien aufzubauen, daher zählen sie zu den einfachsten Lebewesen überhaupt.

Die Zellen verwenden organische Moleküle als Nahrung für ihren Stoffwechsel. Den Sauerstoff, der in der Fotosynthese produziert wird, brauchen die meisten Organismen zur Energiegewinnung. Beim Menschen ist die Atmung ein lebensnotwendiger Prozess, bei dem der Sauerstoff aus der Luft aufgenommen und in allen Körperzellen zur Energiegewinnung herangezogen wird. Dabei entstehen Wasser und Kohlendioxid als Abfallprodukt.

Tiere sind in ihrem Energiebedarf auf die Fotosynthese der Pflanzen angewiesen. Pflanzen benötigen ebenso das von Tieren produzierte CO_2 wie den von den Bakterien in ihren Wurzeln gebundenen Stickstoff. Pflanzen, Tiere und Mikroorganismen zusammen regeln die gesamte Biosphäre und erhalten lebensfördernde Bedingungen aufrecht.

DNA – die Definition von Leben

Lebende Systeme weisen eine chemische Struktur auf, die eine DNA enthält – ein großes sogenanntes Makromolekül, das im Kern fast jeder Zelle eines Lebewesens zu finden ist. Darin sind die Informationen zur Entwicklung und Funktion des Lebewesens kodiert.

Was bei den Atomen der Physik nicht möglich gewesen war, das gelang bei den Atomen der Biologie, den Genen. Die

Doppelhelix entlarvte das Geheimnis der Genverdopplung als einen raffiniert einfachen Trick. Die Gene sind DNA-Moleküle, die in den Zellen existieren und bestimmte Informationen enthalten und weitergeben. Wir wissen inzwischen, wie man diese DNA-Moleküle manipulieren und mit ihnen Geschäfte machen kann. Aber wir wissen noch nicht, wie sie diese vielfältigen Erscheinungen des Lebens ermöglichen.

Als Erbinformation ist die DNA für die Selbstreplikation der Zelle zuständig, eine wichtige Eigenschaft des Lebens. Ohne sie wären alle zufällig gebildeten Strukturen und Informationen verschwunden und das Leben hätte sich nie entwickeln können. Diese vorrangige Bedeutung der DNA könnte nahelegen, sie als das einzige definierende Merkmal des Lebens zu verstehen.

Membranen – das Fundament der Identität einer Zelle

Eine Zelle ist in besonderem Maße durch eine Grenze, die Zellmembran, charakterisiert, die das System – das „Selbst“ sozusagen – von seiner Umwelt trennt. An dieser Grenze arbeitet ein Netzwerk chemischer Reaktionen, der Zellstoffwechsel, mit dem sich das System aufrechterhält.

Die meisten Zellen haben außer Membranen auch noch andere Grenzen, etwa starre Zellwände oder Kapseln. Solche Grenzstrukturen gehören zu den gemeinsamen Merkmalen vieler Arten von Zellen, aber nur Membranen sind ein universales Merkmal allen zellularen Lebens.

Von Anfang an war das Leben auf der Erde mit Wasser verbunden. Bakterien bewegen sich im Wasser und der Metabolismus, also der Stoffwechsel innerhalb ihrer Membranen, findet in einem Wassermilieu statt. In einer derartigen Umgebung könnte eine Zelle niemals als getrennte Einheit weiterbestehen, ohne dass eine physikalische Barriere gegen eine freie Diffusion, das heißt den Austausch mit dem Umfeld, vorhanden wäre. Die Existenz von Membranen ist daher die wesentliche Bedingung für zelluläres Leben. Membrane lassen sich also nicht nur als universales Merkmal von Leben erkennen, sondern weisen in der ganzen lebenden Welt auch den gleichen Strukturtypus auf. Wir werden noch sehen, dass die molekularen Details dieser universalen Membranstruktur wichtige Hinweise auf den Ursprung des Lebens geben.

Die Existenz der Zellmembran ist also das erste definierende Merkmal von zellularem Leben. Als zweites Merkmal lässt sich die Beschaffenheit des Stoffwechsels ausmachen, der innerhalb der Zelle stattfindet. Der Stoffwechsel, der unaufhörliche chemische Vorgang der Selbsterhaltung, gehört zu den unverzichtbaren Eigenschaften des Lebendigen. Nur durch diesen ständigen Fluss von chemischen Verbindungen und Energie kann sich das Leben ununterbrochen selbst hervorbringen, reparieren und fortpflanzen. Allein in Zellen und in Organismen, die aus Zellen bestehen, läuft Stoffwechsel ab. Wenn wir uns einmal die Stoffwechselprozesse genauer ansehen, stellen wir fest, dass sie ein chemisches Netzwerk bilden. Dies ist ein drittes grundlegendes Merkmal des Lebens.

So wie Ökosysteme als Nahrungsnetz, als Netzwerke von Organismen zu verstehen sind, lassen sich Organismen als Netzwerke von Zellen, Organen und Organsystemen, Zellen wiederum als Netzwerke von Molekülen betrachten. Die systemische Methode führt zu der entscheidenden Einsicht, dass das Netzwerk ein für alles Leben typisches Muster ist. Überall, wo wir Leben sehen, erblicken wir Netzwerke. Sie unterziehen sich kontinuierlichen Strukturveränderungen, während sie ihre Organisationsnetze erhalten.

Die Dynamik der Selbsterzeugung als Schlüsselmerkmal des Lebens ermittelten die chilenischen Biologen Humberto Maturana (1928–2021) und Francisco Varela (1946–2001), die ihr die Bezeichnung Autopoiesis (aus dem Griechischen *autos* selbst und *poiein* schaffen) gaben. Damit kennzeichnen sie die spontan neu entstehende Selbstorganisation der biologischen Systeme, die ein Merkmal des Lebens ist. Wenn wir also beispielsweise die Stoffwechselprozesse der Zelle – mit anderen Worten die Muster von Beziehungen zwischen Makromolekülen – beschreiben, müssen wir uns auf die Zelle als Ganzes statt nur auf ihre Teile konzentrieren, um ihre Eigenschaften zu erfassen.

Daher lässt sich festhalten, dass der Begriff Autopoiesis ein eindeutiges und überzeugendes Kriterium für die Unterscheidung zwischen lebenden und nicht lebenden Systemen darstellt.

Die Entstehung einer neuen Ordnung

Nach der Theorie der Autopoiesis ist es ein definierendes Merkmal von Leben, Netzwerke selbst zu erzeugen. Wir müssen die Zelle als ein offenes System beschreiben. Lebende Systeme sind zwar in organisatorischer Hinsicht geschlossen, aber als autopoietische Netzwerke sind sie materiell und energetisch offen. Sie müssen sich von kontinuierlichen Materie- und Energieflüssen aus ihrer Umwelt ernähren, um am Leben zu bleiben.

Detaillierte Untersuchungen von Materie- und Energieflüssen durch komplexe Systeme führten zur Theorie der sogenannten „dissipativen Strukturen“, wie sie der russisch-belgische Physikochemiker, Philosoph und Chemienobelpreisträger Ilya Prigogine und seine Mitarbeiter entwickelten. Das lateinische Wort *dissipare* bedeutet verstreuen, verbreiten. Eine dissipative Struktur ist laut Prigogine ein offenes System, das sich selbst in einem Zustand des Ungleichgewichts erhält. Auch wenn sich dieser Zustand sehr vom Gleichgewicht unterscheidet, ist er dennoch stabil – ein stabiles Ungleichgewicht, das sich stets zwischen Struktur einerseits und Veränderung oder Dissipation einzelner Komponenten andererseits bewegt. Ein Beispiel aus der Natur ist der gleichmäßig dahinfließende Fluss, dessen Strömung gerade einmal an einem Blatt auf dem Wasser zu erkennen ist, kurz gesagt das Ruhende im Bewegten.

Die Dynamik dieser dissipativen Strukturen schließt insbesondere die spontane Entstehung neuer Formen von Ordnung ein. Mit anderen Worten: Kreativität zur Erzeugung von neuen Formen ist eine Schlüsseleigenschaft aller lebenden Systeme. Der passende Begriff für diese Fähigkeiten instabiler Systeme lautet Emergenz.

Leben, dies ist eine ganz wesentliche Einsicht, bildet sich nur fernab chemischer Gleichgewichte durch eine Kette von Ereignissen, bei denen instabile biochemische Verbindungen zusammenbrechen und durch neue ersetzt werden. Diesen Vorgang nennen wir Evolution. Prigogine gelang es erstmals, die Thermodynamik, also den Umsatz von Energie und Materie, auf Systeme im Ungleichgewicht anzuwenden. Wenn also ein System aufgrund seines spezifischen Energieflusses gerade keinen Zustand des Gleichgewichts erreicht, herrschen dennoch Bedingungen, die Ordnung und Stabilität entstehen lassen: dissipative Strukturen.

Ein Beispiel: Wenn wir Wasser von unten erhitzen, das heißt Energie zuführen, dann bewegen sich die Wassermoleküle (H_2O) nach einiger Zeit in charakteristischen

Strömungsformen oder -strukturen. Hier entsteht also ein neues vernetztes System, das man nicht anhand von Wassermolekülen erklären kann.

Am Beispiel des Glukosezyklus und anderer geordneter und ordnender chemischer Systeme, die in verschiedenen Ausprägungen charakteristisch für Organismen sind, konnte Prigogine die höheren Ordnungsniveaus aus einfachen chaotischen Grundzuständen mathematisch beschreiben. Für seine Arbeit „Studien zur irreversiblen Thermodynamik" gewann er 1977 den Nobelpreis für Chemie. „Mit einer etwas anthropomorphen [d. h. menschenähnlichen; Vf.] Ausdrucksweise könnte man sagen, daß die Materie unter gleichgewichtsfernen Bedingungen beginnt, Unterschiede in der Außenwelt [...] wahrzunehmen, die sie unter Gleichgewichtsbedingungen nicht spüren konnte. Im Gleichgewicht ist die Materie sozusagen ‚blind'", sagt er. Der Begriff „Naturgesetz" ist für Prigogine problematisch und hilft bei der Frage nach dem Neuen und seiner Entstehung nicht weiter, weil er statisch ist und Ereignisse ausblendet. Natur ist nicht gegeben, sondern entstanden und fortwährendem Wandel unterworfen. Nach Darwins Evolutionstheorie entwickelt sich die Natur hin zu höherer Komplexität. Die Einbindung von Irreversibilität, also unwiderruflichen Ereignissen und damit instabilen Strukturen, sowie dem Zeitfaktor in die Naturwissenschaft führt zur Umformulierung der Naturgesetze. Denn das letzte Ziel der klassischen Wissenschaften galt dem Bestreben, Grundelemente so zu beschreiben, dass der Faktor Zeit ausgeschaltet werden konnte. Dies hatte zur Folge, dass das Leben als Ganzes entweder als außerhalb des Faktors Zeit stehend oder als mit den klassischen Naturgesetzen nicht erklärbar gesehen wurde.

So muss eine Dynamik, die der Erklärung von Lebensprozessen dienlich ist, ein narratives, also erzählendes Element in sich aufnehmen, nämlich die Idee einer Kette von Ereignissen. Damit hat die Wissenschaft nicht länger exakte Gewissheiten im Sinne von Isaac Newton, sondern vielmehr Möglichkeiten zum Thema. Leben ist also nicht mehr als Gewissheit, sondern als Möglichkeit zu erklären.

In die Biologie drangen Prigogines Vorstellungen sofort ein. Der Göttinger Biochemiker Manfred Eigen (1927–2019), Evolutionsforscher und Nobelpreisträger für Chemie von 1967, bezieht sich in seiner Theorie von der Entstehung des Lebens auf die Arbeiten Prigogines.

Doch die Herausbildung des Lebens aus einer chemischen „Ursuppe", in der Moleküle zu Eiweißstoffen und Nukleinsäuren zusammenlagerten, widerspricht der klassischen thermodynamischen Lehre: Warum sollten sich zu Urzeiten ungeordnete Moleküle von selbst beleben? Erst Prigogines Entdeckungen, meint Manfred Eigen, schufen die Grundlage für exakte theoretische Aussagen, mit denen der Übergang von toter zu lebender Materie beschrieben werden kann.

In seiner Autobiographie, die er im Zusammenhang mit seiner Nobelpreisverleihung 1977 verfasste, wandte sich Prigogine der Philosophie zu. Er setzte sich etwa in seinen gemeinsam mit der Philosophin Isabelle Stengers (* 1949) verfassten Büchern „Dialog mit der Natur" und „Das Paradox der Zeit" mit der Philosophie von der Antike bis zur Gegenwart auseinander. Sein Grundanliegen ist es, Ergebnisse aus naturwissenschaftlichen Forschungen ebenso in den geisteswissenschaftlichen Diskurs einfließen zu lassen, wie auch umgekehrt geisteswissenschaftliche Einsichten für die Naturwissenschaft fruchtbar zu machen.

Damit entsteht ein neues Verhältnis von Mensch und Natur, das uns auch zur Überwindung des klassischen Gegensatzes von Natur und Kultur und der sie jeweils behandelnden Wissenschaften führt. Es muss demnach zu einem neuen Dialog zwischen Mensch und Natur kommen, gerade zu einem Zeitpunkt, an dem die wissenschaftliche Entwicklung und die menschliche Zukunft schicksalhaft miteinander verknüpft sind. Diesem Gedanken werde ich mich im letzten Abschnitt des Kapitels näher widmen.

Präbiotische Evolution

Dissipative Strukturen sind nicht unbedingt lebende Systeme, aber da die Selbstorganisation ein integraler Bestandteil ihrer Dynamik ist, besitzen nach Prigogine alle dissipativen Strukturen das Potenzial, sich zu lebendigen Systemen zu entwickeln. Auf die bedeutende Frage, wie das Leben entstanden ist, lässt sich festhalten: Eine „präbiotische", also vor der Entwicklung des eigentlichen Lebens liegende Evolution der leblosen Materie muss vor der Entstehung lebender Zellen begonnen haben. In einem kontinuierlichen Evolutionsprozess muss in der Folgezeit lebende Materie aus lebloser Materie hervorgegangen sein. Diese Anschauung wird heute allgemein von der Naturwissenschaft akzeptiert. Als Erster formulierte der russische Biochemiker Alexander Oparin (1894–1980) diese Theorie in seinem Buch „Der Ursprung des Lebens" von 1929.

Kommunikation und Kooperation

Unsere gesellschaftliche Entwicklung von den Affenmenschen bis zum Homo sapiens wäre ohne Kommunikation und Kooperation nicht möglich gewesen. Um die menschliche

Existenz auf unserem Planeten sicherzustellen, müssen wir auf diesem Weg voranschreiten: die Folgen unseres Tuns besser abzuschätzen, unser Tun zu verbessern und den Wissensaustausch mit anderen Menschen in einer kooperativen Gemeinschaft zu sichern. Nur dadurch können wir unser Nischendasein retten.

Die US-amerikanische Biologin und Evolutionstheoretikerin Lynn Margulis (1938–2011) erklärte in den 1960er-Jahren, wie wichtig die symbiotische Kooperation für das Leben ist, im ganz Kleinen wie im ganz Großen. Das Leben habe unseren Planeten nicht im Kampf um das Dasein erobert, sondern durch Netzwerke, durch Zusammenarbeit. Lynn Margulis' revolutionäre These ist eine Absage an den Sozialdarwinismus, der immer die Konkurrenz, den Kampf zwischen den Lebewesen um Lebensraum und Nahrung betont. Sie führte dagegen den empirischen Nachweis, dass Kooperation und symbiotische Beziehungen in der Natur und insbesondere in der Welt der Organismen die Regel und nicht die Ausnahme sind.

Zusammenfassung

Zum Abschluss dieses kleinen Parcours durch die Forschungsgeschichte fasse ich die definierenden Merkmale lebender Systeme zusammen, die sich bei der Betrachtung des zellulären Lebens gezeigt haben: Jedes höhere Wesen besteht aus Zellen, den kleinsten Einheiten des Lebens. Ohne Zellen sind höhere Formen des Lebens nicht denkbar. Eine Zelle ist ein von Membranen begrenztes, selbsterzeugendes, organisatorisch geschlossenes metabolisches, also von einem Stoffwechsel angetriebenes Netzwerk und nutzt einen ständigen Fluss von Materie und Energie dafür, sich zu produzieren, zu reparieren und fortzupflanzen. Weiter operiert die Zelle fern von einem Gleichgewicht, sodass spontan neue Strukturen und Formen entstehen können. Offene Systeme organisieren sich selbst – der Fachbegriff hierfür lautet Emergenz – und führen zu Entwicklung und Evolution. Lebendige Wesen greifen also ständig nach Neuem und nutzen dabei Kommunikation und Kooperation, um sich mit Artgenossen und anderen Niveaustufen des Lebens auszutauschen.

Leben ist in Zellen organisiert, die sich fortpflanzen, sich in einem gleichgewichtsfernen Zustand befinden und damit offen sind für Evolution und Entwicklung – dies sind also, sehr verkürzt, die Charakteristika des Lebens. Entstanden ist das Leben möglicherweise aus anorganischer Materie unter ganz speziellen Bedingungen.

Aus der Sicht eines Chemikers kann man das Leben als Entwicklung von Elementen zu Molekülen, von Molekülen zu Makromolekülen und so weiter betrachten. Auf allen Stufen des Lebens ist der Wandel eine wichtige Konstante. Das gilt nicht nur für den Menschen, sondern für die gesamte Natur. Alles ist miteinander verbunden und wir sollten versuchen nicht nur auf molekularer Ebene, sondern auch auf höherer Ebene der Natur die Prozesse oder Abläufe von Netzwerken zu verstehen, das heißt, wir sollten lernen, systemisch zu denken.

Zerstörung und Schutz der Natur

Seit über 200 Jahren und insbesondere seit der zweiten Hälfte des letzten Jahrhunderts ist es infolge des menschlichen Handelns, das heißt durch massive Eingriffe in die natürlichen Abläufe unserer Erde, zu einer Entwicklung gekommen, die in der Geschichte des menschlichen Daseins einen epochalen Zeitraum der Ökologie darstellt. Der niederländische Atmosphärenchemiker und Nobelpreisträger Paul J. Crutzen (1933–2021) geht sogar so weit, diese Epoche des Menschen Zeitalter des Anthropozäns zu nennen, und viele Wissenschaftler folgen ihm darin. Die Ökologie ist zu einem der limitierenden Faktoren für die Zukunft der menschlichen Gattung geworden. Dieser Aspekt bewegt mich, der ich lange Jahre in der nationalen und internationalen Schadstoffbekämpfung tätig war, es schmerzt mich zutiefst zu beobachten, wie die Menschheit ihre eigenen Lebensgrundlagen immer weiter zerstört, und darum setze ich diesen Punkt an den Schluss meiner Darstellung. Zum Glück gibt es auch verheißungsvolle Ansätze, die allerdings eine noch viel stärkere Unterstützung benötigen. Es ist zu hoffen, dass der gegenwärtige Diskurs über den vermutlich bald irreversiblen Klimawandel die Menschen aus ihrer Selbstzufriedenheit und Lethargie aufweckt und zu kreativen Antworten auf unsere Probleme anregt. Wie weise und harmonisch die Natur eingerichtet ist, zeige ich in einem ersten Gedankengang, in dem ich beispielhaft einige bedeutsame Kreisläufe der Natur und die Störungen durch den Menschen darstelle. Wohin die Entwicklung gehen könnte, verdeutliche ich anhand der sogenannten Bionik, die innovative technische Einrichtungen nach dem Vorbild der Natur gestaltet.

Kreisläufe der Natur

Dass unser Leben von Kreisläufen wie Tag und Nacht oder Winter und Sommer beherrscht wird, wussten Menschen von Anbeginn an. Mit immer neugierigerem Blick im Laufe meiner naturwissenschaftlichen Arbeit habe ich die Einsicht gewonnen, dass die Gesamtheit der Naturvorgänge in einem systemischen Zusammenhang steht. Die Naturwissenschaft, insbesondere die Umweltwissenschaft, sollte diesen Zusammenhang im Einzelnen wie im Ganzen erforschen, nachweisen und erklären.

Die Elemente lebender Systeme bleiben im Makrosystem Biosphäre stabil erhalten, abgesehen von einem minimalen Anteil, der ins Weltall diffundiert, geht also nichts verloren. Das Einzige, was sich ändert, ist ihre Verteilung. Dazu gehören räumliche Verlagerungen, aber auch chemische Reaktionen, zum Beispiel im Stoffwechsel der Organismen, wodurch bestimmte Atome in verschiedene Molekülverbände eingebaut werden. Alle Änderungen lassen sich zusammenfassend in Kreisläufen oder Zyklen beschreiben. Kreisläufe bestehen für jedes beliebige chemische Element, doch befasst man sich, wenn man an biologischen Problemen interessiert ist, vornehmlich mit denen des Sauerstoffs, Wasserstoffs, Kohlenstoffs, Stickstoffs, Phosphors, Schwefels sowie dem Kreislauf des Wassers. Wasser ist zwar kein chemisches Element, aber ein weitgehend stabiles Molekül, das für alle Lebensprozesse wesentlich ist. Kreisläufe lassen sich vereinfacht als Systeme beschreiben.

Wenn wir von Atomen zu Molekülen übergehen, stellen wir fest, dass es ein universelles Set kleiner organischer Moleküle gibt, das alle Zellen als Nahrung für ihren Stoffwechsel verwenden. Bemerkenswert ist die Tatsache, dass sich eine ungeheure Zahl kleiner Verbindungen aus den Atomen Kohlenstoff (C), Wasserstoff (H), Sauerstoff (O), Stickstoff (N), Phosphor (P) und Schwefel (S) herstellen lässt. Die Universalität und die kleine Zahl von Atom- und Molekülarten in den gegenwärtig lebenden Zellen lassen auf ihren gemeinsamen evolutionären Ursprung in den ersten Protozellen schließen.

Kreisläufe sind ein Prinzip der Natur. Die Natur erneuert sich ständig. Die Kreisläufe der vier chemischen Elemente Sauerstoff, Kohlenstoff, Stickstoff und Wasserstoff, die in allen Lebewesen die Hauptatome darstellen, existieren in biologischen Strukturen. Alles spielt sich im Medium des Wassers ab. Der Wasserkreislauf ist immens wichtig, weil das Leben im Wasser begann.

Der Kreislauf des Wassers

Was das Blut für den Menschen ist, ist das Wasser für die Erde. Die Wasserversorgung der Erdoberfläche ist neben der Sonneneinstrahlung und der damit verbundenen Energiezufuhr die wichtigste Voraussetzung für die Vegetation, also das Leben auf der Erde samt ihrer Besiedlung.

Der iranische Lyriker und Maler Sohrab Sepehri hat die Bedeutung des Wassers in wunderschönen Versen beschrieben: „Trüben wir das Wasser nicht, nimm an, flussabwärts trinkt eine Taube Wasser oder im fernen Hain wäscht ein Stieglitz seine Flügel oder im Dorf wird gerade ein Krug gefüllt."

Wasser kann, wie jedermann weiß, drei Zustände annehmen: fest als Eis, flüssig als Wasser und gasförmig als Dampf. Wenn für Lebewesen optimale Temperaturen herrschen, liegt es in flüssiger Form vor. Die Gesamtmenge des Wassers auf der Erde beträgt etwa 1,5 Milliarden Kubikkilometer, 97 Prozent davon in den Ozeanen, nur drei Prozent im Süßwasser.

Was geschieht mit dem Wasser in unserem Körper? Trinken Menschen reines Wasser, passiert es den Magen, da es nicht verdaut werden muss, und gelangt direkt in den Dünndarm. Etwa 60 bis 65 Prozent des Wassers werden dort per Osmose durch die Darmwände vom Blutkreislauf aufgenommen; das arterielle Blut transportiert es schließlich in die Zellen. Der Rest, circa 35 bis 40 Prozent, wird über andere Organe, den Dickdarm, die Nieren, die Haut und die Lungen, ausgeschieden. Im Dickdarm bleibt nur so viel Wasser, wie nötig ist, um den Inhalt des Darms einzudicken. Ist das Wasser in den Zellen angekommen, verteilt es sich in intrazelluläres und extrazelluläres Wasser: intrazellulär direkt in den Zellen, extrazellulär das Plasma und das sogenannte Interstitialwasser, das sich zwischen den Zellen befindet.

Wasser verrichtet eine Vielzahl von überlebenswichtigen Aufgaben in unserem Körper – es wird bei weitem nicht nur zum Transport und als Lösungsmittel benötigt. Fereydoon Batmanghelidj erwähnt in seinem Buch „Water for health, for healing, for life“ 46 Aufgaben des Wassers und Gründe, warum wir es brauchen. Beispielsweise kann Nahrung ohne Wasser nicht richtig verdaut werden, da es die Lebensmoleküle aufspaltet und ihre Verwertung erst ermöglicht. Wasser spielt auch eine Rolle als eine Art Klebstoff in den Zellen. Es ist notwendig, um Hormone für das Gehirn zu erzeugen, und hilft Stress zu reduzieren. Es dient als Schmiermittel zwischen den Gelenken oder zur Aufpolsterung der Bandscheiben, aber ebenso auch der Druckregulierung und dem Wärmehaushalt, um nur einige seiner vielen Aufgaben zu nennen.

Wie der Körper das feine Gleichgewicht zwischen dem intrazellulären und dem extrazellulären Anteil erreicht, die sogenannte Homöostase des Wassers, spielt im physiologischen

Prozess eine ebenso überlebenswichtige wie faszinierende Rolle.

Die Funktion des Wassers in unserem Körper kann man beschreiben als Transportmedium, als Temperaturregler, als Verdünnungsmittel, als Baumaterial, als Reaktionspartner.

Der Mensch greift seit Längerem auf vielfältige Weise in den Wasserkreislauf und dadurch zugleich in den Naturkreislauf ein. Intensive Wassernutzung, z. B. in der Landwirtschaft und Industrie, und Zerstörung der Wälder, Feuchtgebiete und anderer Ökosysteme im großen Stil durch Milliarden von Menschen haben eine ernst zu nehmende Wasserkrise erzeugt und damit die Grundlagen unserer Existenz infrage gestellt.

Der Sauerstoffkreislauf

Die Welt der chemischen Vorgänge gleicht einer Bühne, auf welcher sich in unablässiger Aufeinanderfolge Szenen abspielen. Die handelnden Akteure auf ihr sind die Elemente. Ein jedes von ihnen ist ein Charakterdarsteller, wie der deutsche Chemiker Clemens Winkler (1838–1904) im 19. Jahrhundert schreibt. Zweifellos spielt auf der chemischen Bühne vom Tag seiner Entdeckung vor über 200 Jahren der Sauerstoff die allererste Rolle – das häufigste und am weitesten verbreitete Element auf unserem Planeten. Fast jedes Lebewesen und die meisten Pflanzen sind existenziell darauf angewiesen.

Doch blicken wir zunächst auf den Sauerstoff, der im Wasser enthalten ist. Er ist eines der wichtigsten Elemente für das Leben auf der Erde und bildet mit 21 Prozent den zweitgrößten Teil der Erdatmosphäre. Dieser Sauerstoffgehalt in der Atmosphäre geht fast ausschließlich auf die Fotosynthese grüner Pflanzen zurück. Im Verlauf der Erdgeschichte kam es daher seit dem Auftreten der ersten zur Fotosynthese befähigten Organismen zu einer dauernden Sauerstoffanreicherung, bis ein Gleichgewichtszustand beim heutigen Wert erreicht war.

Den Sauerstoff, den eine Pflanze nicht selbst benötigt, gibt sie an ihre Umgebung ab. Eine große Buche zum Beispiel produziert in einer Stunde etwa so viel Sauerstoff, wie fünfzig Menschen in derselben Zeit zum Atmen benötigen. Mensch und Tier atmen diesen Sauerstoff ein, verbrauchen ihn und atmen Kohlendioxid aus. Dieses Kohlendioxid nehmen bei der Fotosynthese wiederum die Pflanzen auf und erzeugen angetrieben von der Sonnenenergie damit neuen Sauerstoff. So entsteht ein Kreislauf zwischen Pflanzen, Menschen und Tieren.

Seitdem die Menschen immer mehr Erdöl, Erdgas und Kohle verbrennen, wird der natürliche Sauerstoffkreislauf empfindlich gestört. Denn auch die Verbrennung verbraucht Sauerstoff und gleichzeitig entsteht Kohlendioxid. Aus diesem Grund ist der Anteil an Kohlendioxid in der Luft während der letzten 250 Jahre stark angestiegen. Die wachsende Menge dieses Spurengases durch das Wirken des Menschen verursacht in erster Linie den Treibhauseffekt und damit die Erwärmung der Erdatmosphäre.

Ein weiterer Aspekt des Sauerstoffkreislaufs ist die Entstehung von Ozon, eine Verbindung aus drei Sauerstoffatomen, die gasförmig, chemisch hochaktiv und giftig ist. Dies geschieht einerseits in der Stratosphäre, die sich ab einer Höhe von achtzehn Kilometern über der Erdoberfläche erstreckt, wo sich die schützende Ozonschicht bildet. Aber auch in Bodennähe kann vor allem aus Stickoxiden Ozon entstehen. Beide Varianten der Ozonbildung stellen ökologische Probleme dar, wenn sie sich nicht im natürlichen Gleichgewicht befinden.

Der Sauerstoffverlust der Meere entwickelt sich zu einer wachsenden Bedrohung für die Meeresfauna. Das geht aus einem neuen Bericht hervor, den die Weltnaturschutzunion (IUCN) bei der Weltklimakonferenz in Madrid 2019 vorgestellt hat. Betroffen seien etwa 700 Meeresregionen in aller Welt – statt 45 wie noch in den Sechzigerjahren. Möglicherweise müssen wir dies als das letzte Alarmsignal verstehen, das die Ozeane der Menschheit geben, wie die Herausgeber des Berichts unterstreichen. Wissenschaftler beobachten die Veränderungen, die der Klimawandel in den Weltmeeren auslöst, schon seit längerer Zeit mit großer Sorge.

Der Wasserstoffkreislauf

Wasserstoff ist das häufigste chemische Element im Universum. Er ist Bestandteil des Wassers und beinahe aller organischer Verbindungen. Folglich kommt gebundener Wasserstoff in sämtlichen lebenden Organismen vor.

Auf der Erde ist der Massenanteil wesentlich geringer. Bezogen auf die Erdgesamtmasse beträgt sein Anteil 0,03 Prozent und bezogen auf die Erdkruste etwa 2,9 Prozent. Außerdem liegt der irdische Wasserstoff im Gegensatz zu dem Vorkommen im All überwiegend gebunden und selten in reiner Form vor.

Der Wasserstoffkreislauf der Natur sieht also so aus, dass Wasser verdunstet, sich abregnet, Flüsse und Seen bildet und schließlich wieder ins Meer fließt. Damit wird alles Leben auf der Erde ermöglicht. Diesen Kreislauf nutzen Menschen schon von jeher zur Energiegewinnung, denn Wasserstoff in reiner Form ist unbegrenzte Energie im ewigen Kreislauf. Wasserstoff gilt als umweltfreundliche Energiequelle der Zukunft.

Keine andere biologische Gattung hat so viel Zerstörung in Flora und Fauna verursacht wie der moderne Mensch. In unserem Zeitalter des Anthropozäns ist die ökologische Krise allein von Menschen ausgelöst worden. Wenn wir so weitermachen wie bisher, wird sich diese ökologische Krise in nicht so ferner Zukunft zum Verhängnis der Menschheit auswachsen. Nicht nur aus moralischen, sondern auch aus praktischen Gründen, um nämlich unser Überleben zu sichern, gilt es, unser Verhältnis zur Natur als Objekt zu ändern und eine eigenständige Würde der Natur als Subjekt anzuerkennen. Wir sollten uns die Grenzen unseres Wissens und die weitreichenden Folgen unseres Handelns im Bereich der Ökologie bewusst machen. Ökologisch verträgliches nachhaltiges Wirtschaften ist das Gebot der Stunde. Die Probleme erfordern es, dass wir ein neues vernetztes Denken entwickeln und uns von der Lehre des französischen Philosophen René Descartes (1596–1650) verabschieden, wonach die Welt eine Maschine sei. Dazu gehört auch die Einsicht, dass ein mehrschichtiges interdisziplinäres, ganzheitliches Bildungssystem ein solches neues Denken besser vermitteln kann als zersplitterte Einzelwissenschaften. Aber auch wenn wir die Einheit des Wissens anstreben, können uns die Einzelwissenschaften immer noch bei der praktischen Lösung der Umweltprobleme behilflich sein. Ein Beispiel: Über die langfristigen Gefahren für Mensch und Umwelt durch Fluorchlorkohlenwasserstoffe (FCKW) und persistente organische Schadstoffe (POPs), die jahrzehntelang als nützliche Chemikalien eingesetzt wurden, konnte die naturwissenschaftliche Forschung, das heißt die exakte Methode der quantitativen analytischen Untersuchung, aufklären. Die Naturwissenschaft übernahm dabei über die eigentliche wissenschaftliche Erkenntnis hinaus ihre gesellschaftliche Verantwortung, ehe Politik und Wirtschaft die praktischen Konsequenzen daraus zogen. An Stellen wie diesen kommt der Naturwissenschaft geradezu eine ethische Aufgabe zu!

Wir haben die Natur bis jetzt als Objekt betrachtet, aber die Natur ist nicht allein ein Objekt. Wenn wir ihr Schaden zufügen, wird sie zurückschlagen. Jedoch hat sie keinerlei Rechte gegen uns als ihre Schädiger. Die Natur bräuchte jedoch, so der französische Philosoph Michel Serres (1930–2019), auf der Basis eines Naturvertrages, der dem Gesellschaftsvertrag von Jean-Jacques Rousseau ähnelt, explizit formulierte Rechte, die Anwälte gegen die Schädiger auch durchsetzen. Die Natur sollte als Subjekt mit Rechten in den Verfassungen der Einzelstaaten verankert werden. Dieser Idee von Serres stimme ich ausdrücklich zu.

Wege aus der Umweltmisere

Bionik – die Natur als Lehrmeisterin und Vorbild

Das Bergsteigen in jungen Jahren war mein erster intensiver Kontakt mit der Natur. Ich habe damals die atemberaubende Schönheit und Erhabenheit der Berglandschaft meiner Heimat Iran bewundert und lernte mit der Natur respektvoll und behutsam umzugehen. Ich wusste aber nicht, dass hinter dieser Schönheit eine Welt der Phantasie und Klugheit steckt, die im Laufe der Evolution durch Versuch und Irrtum das Prinzip der Optimierung entwickelt hat. Die belebte Natur hat in Millionen von Jahren im evolutionären Prozess Lösungsstrategien herausgebildet, die wir Menschen auf den ersten Blick nicht erkennen, wie mehrdimensionale

Optimierung, Universalität, Multifunktionalität, Selbstorganisation und offene Kreisläufe, um einige zu nennen.

Bei meiner Tätigkeit im Berliner Innovationszentrum Mitte der Achtzigerjahre lernte ich zum ersten Mal den Kunstbegriff Bionik kennen. Im gleichen Gebäude in der Ackerstraße befand sich eine Abteilung der Technischen Universität Berlin, das Institut für Bionik. Man erklärte mir, dass Bionik heißt, von der Natur zu lernen und die im Laufe des evolutionären Prozesses entwickelten Verfahren, Prozesse und Strukturen der belebten Natur auf die Technik zu übertragen.

Zum ersten Mal verwendete der US-Wissenschaftler Jack E. Steele (1924–2009) auf einem Kongress im Jahr 1958 den Begriff Bionik, der aus Biologie und Technik zusammengesetzt ist. Bionik ist keine neue Fachdisziplin, sondern ein faszinierender Forschungsbereich aus einer Kooperation zwischen Natur und Technik. Die Natur, vor allem die belebte Natur der Pflanzen und Tiere, hat im Laufe der Evolution nicht nur perfekte, sondern optimale Lösungen entwickelt, die mit wenig Aufwand an Energie und Material verbunden sind.

Die Bionik ist eine angewandte Wissenschaft, in der sich verschiedene Disziplinen wie Technik, Biologie, Chemie, Physik und Mathematik treffen und die zugleich offen für weitere Wissenschaftszweige ist. Bionik sucht bei Pflanzen und Tieren Funktionsmodelle für technische Konstruktionen und könnte der Menschheit einen Ausweg aus der Sackgasse eröffnen, in die sie mit der Zerstörung der Natur immer weiter hineinläuft. Als relativ junges Forschungsgebiet hat Bionik inzwischen Weltkarriere gemacht. Der Bionikpionier Werner Nachtigall (* 1934) sagt: „Die Natur liefert keine Blaupausen, sondern es geht darum, die Ideen der Natur zu begreifen und in Techniken zu übersetzen.“

Ein Bioniker sollte große Neugier für die Vorgänge in der Natur, die Phantasie eines Erfinders und die Strenge eines Mathematikers besitzen. Einer der ersten von ihnen war das Universalgenie Leonardo da Vinci (1452–1519), der vor 500 Jahren in Italien lebte. Wir wissen, dass er äußerst neugierig war, die Natur sehr genau beobachtete und unter anderem die Bewegungsapparate bei Tier und Mensch im Detail studierte. Er wollte wissen, wie sie in Einzelteilen aufgebaut sind, wie sie miteinander zusammenhängen und wie sie funktionieren. So inspirierte ihn zum Beispiel das Fliegen der Vögel, insbesondere bei den Fledermäusen, um sich Gerätschaften auszudenken, womit der Mensch fliegen könnte. Diesen uralten Traum konnte er zwar nicht erfüllen, aber er war ein sehr guter Beobachter, der die Naturphänomene eingehend studierte.

Hier stelle ich einige Beispiele vor, wie die belebte Natur in Energie- und Stoffumwandlungsprozessen funktioniert und wie wir Menschen sie im Dienst des Umweltschutzes und der Gesundheit in Technik übersetzen könnten:

Fotosynthese

Die Fotosynthese ist die wichtigste Reaktion auf der Erde, die beste Erfindung der Natur und Voraussetzung für alles Leben. Die Fotosynthese ist der einzigartige Prozess, bei dem Sonnenenergie in chemische Energie umgewandelt und gespeichert wird. Dabei entstehen aus Kohlendioxid (CO_2) und Wasser (H_2O) Glukose ($C_6H_{12}O_6$) und Sauerstoff (O_2). Die Fotosynthese wird von Pflanzen, Algen und manchen Bakterien betrieben. Aus Sonnenenergie Zucker und Stärke zu produzieren schaffen bislang allein die Landpflanzen, durch deren lichtabsorbierendes Blattgrün (Chlorophyll)

Lichtenergie in chemische Energie umgewandelt wird. Das Verständnis der Fotosynthese wird unter anderem eingesetzt in der Entwicklung alternativer Energien, der fotobiologischen Wasserstoffproduktion durch Bakterien und Algen und der Effizienzsteigerung der Solarzellenproduktion mittels spezifischer grüner Farbstoffe.

Bionik im Nanobereich

Im lebendigen Organismus gibt es molekulare Maschinen und Werkzeuge mit bestimmten Funktionen, die unsere Vorstellungskraft übertreffen, und man kann viel daraus lernen.

Enzyme sind Proteine, also große Eiweißmoleküle, die als Katalysatoren die biochemischen Reaktionen steuern und beschleunigen, ohne dabei selbst verbraucht oder verändert zu werden. Auch Antikörper sind Proteine, die das Immunsystem unterstützen und Krankheitserreger wie Bakterien und Viren abwehren. Proteine dienen als chemische Werkzeuge des Lebens und wurden im Laufe der Evolution verändert, erneuert, optimiert und in einer unglaublichen Vielfalt produziert: Das menschliche Genom kodiert 23.000 unterschiedliche Proteine und 220 verschiedene Zelltypen. In welcher Zelle welche Proteine hergestellt werden und wie sie dann miteinander agieren, ist eine große ungelöste Frage.

Für die Kraft der Evolution in Enzymen und Antikörpern und deren Einsatz für die Entwicklung von umweltfreundlichen Chemikalien, alternativen Energien und Pharmazeutika bekamen 2018 die US-amerikanischen und britischen Forscher Frances Arnold (* 1956), George P. Smith (* 1941) und Gregory Winter (* 1951) den Chemienobelpreis. Sie hatten zielgerichtete Enzyme und Viren entwickelt, die in umweltfreundlichen Chemikalien, wie etwa Biokraftstoffen, und

Medikamenten zur Behandlung von Autoimmunkrankheiten und manchen Krebsarten eingesetzt werden.

Auch die biologischen Zellen, deren Größe sich im unvorstellbar kleinen Bereich von Nanometern bewegt, also milliardsten Teilen eines Meters, sind Vorbilder für die Bionik. Biologische Systeme erbringen auf der molekularen Ebene wie eine Fabrik vielfältige Leistungen. Dabei führen die vier Leistungsträger Nukleinsäuren, Proteine, Kohlenhydrate und Lipide, deren Struktur sich im Verlauf der Evolution exakt an ihre Aufgaben angepasst hat, jeweils bestimmte Funktionen aus.

Wissenschaftler gehen heutzutage der Frage nach, wie aus Molekülen übergreifende Strukturen entstehen, um daraus tiefere Einsichten in die Natur zu gewinnen und neue Methoden der Herstellung von Katalysatoren, also Stoffen, die chemische Prozesse auslösen oder beschleunigen, und der Analyse von chemischen Vorgängen herauszuarbeiten. Darüber hinaus strebt man an, neue Materialien mit möglichst maßgeschneiderten Eigenschaften zu entwickeln und molekulare Maschinen zu bauen, die wie Schalter, Sensoren, Motoren, Getriebe und anderes funktionieren.

2013 präsentierte ein britisches Forscherteam einen kleinen Molekularroboter, der in einer Art Fließbandarbeit Aminosäuren aneinanderhängt. Drei Jahre später erhielten drei Molekularforscher, der Franzose Jean-Pierre Sauvage (* 1944), der US-Amerikaner James Fraser Stoddart (* 1942) und der Niederländer Bernard L. Feringa (* 1951), den Nobelpreis für Chemie für die Entwicklung der kleinsten molekularen Maschinen der Welt. Diese molekularen Maschinen sind mehr als 10.000-mal kleiner als der Durchmesser eines Haares. Die Nobelpreisträger von 2016 konnten zeigen, dass sich bestimmte Werkzeuge im winzigen Nanobereich aus organischen Molekülen herstellen lassen. So ist zum ersten Mal zum Beispiel ein Nanoroboter vorstellbar, der sich durch die Blutbahn bewegt, um Krebszellen ausfindig zu machen. Bei dem Nanoauto mit Allradantrieb kann man die Bewegung von außen steuern. Die molekularen Maschinen werden für neue Materialien, Sensoren, medizinische Diagnostik und Energiespeichersysteme weiterentwickelt.

Im Grunde stand bereits meine Doktorarbeit in den Achtzigerjahren in diesem Kontext. Es ist ja ein alter Wunsch der Wissenschaft, im winzig kleinen Nanobereich bestimmte Stoffe im Körper für Diagnostik und Therapie zu transportieren. Man will vor allem Medikamente direkt in ein krankes Organ bringen, um es damit ohne Nebenwirkungen zu heilen. Das wäre eine ideale Form der Medizin! In meiner Doktorarbeit habe ich versucht, sogenannte Porphyrine als Modellsubstanz in Vesikelmembrane einzubauen, um sie gezielt an einen bestimmten Ort zu bringen. Das waren damals Versuche in der Grundlagenforschung, die zu jener Zeit noch in den Anfängen steckte. Mittlerweile hat die Forschung diese Technik weiterentwickelt und setzt sie im mRNA-Bereich ein, etwa bei der Impfung gegen das Coronavirus.

Das Nobelkomitee verglich den Entwicklungsstand der molekularen Maschinen mit dem Stand der Technik eines Elektromotors von 1830. In der Bionik stecken also im Moment noch unabsehbare Möglichkeiten. Wenn es uns gelingt, naturnahe Technologien zu erschaffen, eröffnet sich ein Weg zu einer grünen Chemie – denn die Natur hat in der Evolution Strategien zur Optimierung von Stoff- und Energieverbrauch entwickelt und von ihr gilt es zu lernen! Dabei ist ein permanenter Optimierungsvorgang auf mehreren Ebenen erkennbar, obwohl sich die Rahmenbedingungen ständig verändern.

Die Konstruktionen in der Natur als Ergebnis der Evolution haben einige fundamentale Prinzipien:

Aus Zellen wachsen Gewebe und aus Geweben neue und unterschiedliche Strukturen – organisches Material ist also *modular aufgebaut.*

Durch *Variationen* in der Anordnung der Strukturen entstehen neue Konstruktionen mit neuen Aufgaben und Spezialisierungen. So wachsen zum Beispiel aus den Zellen der Pflanzen Gewebe, aus Gewebe wiederum Blätter mit unterschiedlichen Strukturen. Die wichtigste Spezialisierung der grünen Blätter ist die Fotosynthese.

Nachhaltigkeit – einer der größten Erfolge der biologischen Evolution ist die nachhaltige Entwicklung: Ressourcen gehen nicht verloren. Entnommene Ressourcen werden wieder regeneriert und eingesetzt. Ein optimales Recycling bedeutet, es gibt keinen Abfall in der Natur.

Das Wachstum der Weltbevölkerung wie auch der zügellose Konsum in den entwickelten Ländern und der damit verbundene Ressourcenverbrauch haben größten Einfluss auf die Umweltbelastung. Durch einen falschen Umgang mit der Natur, speziell durch massiven Einsatz der Chlorchemie, etwa in der Landwirtschaft, entstehen irreversibel nicht nur lokale, sondern auch globale Wirkungen. Mit innovativer synthetischer Chemie nach dem Vorbild der Natur ließen sich dagegen negative Überraschungen vermeiden, wie wir sie mit dem Einsatz von naturfremden und schädlichen Chemikalien wie PCBs, Pestiziden, FCKWs und anderen persistierenden organischen Schadstoffen erlebt haben, was mich in meiner langjährigen Arbeit ja sehr intensiv beschäftigte. Die ganze

Biosphäre ist voll von Enzymen, die als organische Katalysatoren fungieren und als Vorlage dienen könnten. Enzyme kann man als molekulare Maschinen bezeichnen, deren Nachbildung eine Herausforderung für die aufkommende Nanotechnologie darstellt.

Auch wenn die Anregung für eine sanfte Chemie aus der Naturerkenntnis stammt, gibt es keine Garantie, dass die Technik auch tatsächlich grün und sanft ist. Dafür möchte ich auch ein Beispiel anführen: Die zerriebenen Blüten einer bestimmten Chrysanthemenart aus der Pflanzengattung der Korbblütler halten dem Menschen Flöhe vom Leib und wurden schon vor Jahrhunderten als persisches Flohpulver verkauft. In jüngster Zeit hat man den Wirkstoffextrakt gewonnen und das Konzentrat als Insektizid in Gartenbau und Landwirtschaft eingesetzt. Dafür wurde der Wirkstoff Pyrethrin synthetisch hergestellt und für eine bessere Wirkung chloriert, was in der Natur selten vorkommt. Die heute bekannten Pyrethroide haben sehr schädliche Nebenwirkungen für die Umwelt, zudem ist dieses Produkt nicht mehr abbaubar. So wurde aus einem natürlichen Wirkstoff, der ökologisch unbedenklich war, durch die Manipulation des Menschen ein naturfremder und ökologisch problematischer Stoff.

Aber ich möchte auch ein sehr schönes, gelungenes Beispiel für ein Lernen von der Natur anführen: die Erforschung der Spinnenseide. In Deutschland wurde diese Leistung am Bayreuther Lehrstuhl für Biomaterialien von Prof. Thomas Scheibel (* 1969) und seinen Mitarbeitern erbracht: In einem Spinnennetz werden sieben verschiedene Spinnenfäden mit unterschiedlichen Eigenschaften produziert und kombiniert, Fäden von extremer Reißfestigkeit mit besonderer Stabilität und Elastizität bis hin zu überragenden Klebeeigenschaften, obwohl diese Fäden dünner sind als menschliches Haar. Die kunstvollen Spinnennetze, wahre Meisterwerke der Natur, bestehen überwiegend aus Proteinen, also Eiweißen, einem sauberen Material, das entzündungshemmend wirkt und keinerlei Allergien auslöst. Da dieses Material für die Spinne sehr wertvoll ist, frisst sie die Fäden, wenn sie sie nicht mehr braucht, und wandelt sie wieder in neue Fäden um. Aufgrund seiner guten Eigenschaften bietet dieses Material in Zukunft viele Möglichkeiten. Es ist den Bayreuther Wissenschaftlern gelungen, einen Spinndrüsenapparat nachzubauen, dessen künstliche Seidenfäden in ihrer Qualität dem natürlichen Vorbild fast in nichts nachstehen. So eröffnet sich die Perspektive, Nähfäden für die Chirurgie, Wundverbände oder Pflaster, die die Wundheilung beschleunigen, Spezialseile zum Klettern, Schutzkleidung und sogar Airbags aus diesen Materialien herzustellen.

Kooperation als dritte Säule der Evolution

Die westliche Zivilisation seit 200 Jahren und die entwickelten Länder des globalen Südens wie China oder Indien insbesondere seit 1950 durch Bevölkerungswachstum und vermehrten Konsum haben die Erde in eine ökologische Krise geführt. Statt unser vermehrtes Wissen und hochentwickelte Technologien dazu zu nutzen, Gestalter und Beherrscher der Erde zu werden, sollten wir eine Partnerschaft mit der Natur eingehen, das heißt von der Natur lernen, um unseren Planeten Erde und damit die Zukunft der Menschen zu retten.

Der Mensch dachte, die Natur sei wie eine Maschine, die er zerlegen, analysieren und wieder zusammensetzen und das gewonnene Wissen als Machtinstrument gegenüber der Natur einsetzen kann. Diese Denkweise ist inzwischen gescheitert. Eine neue Denkweise erkennt die Komplexität und Selbstorganisation der Natur an und gerade die Evolution ist ein eindrucksvolles Beispiel dafür.

Die Natur als Lehrmeisterin zeigt uns immer wieder, dass sie viel klüger und mächtiger ist, als das menschliche Denken nachvollziehen kann. Sie ist in Elemente, Strukturen und kollektive Eigenschaften organisiert, vom Einfachen zum Komplexen – wie eine unerschöpfliche Bibliothek.

Der Chemiker Ilya Prigogine, dessen Denkansatz ich oben skizziert habe, arbeitete in diesem Zusammenhang die große Bedeutung von Nichtgleichgewichtsprozessen in der Natur heraus. Das sogenannte Gleichgewicht der Natur ist kein statisches, sondern ein dynamisches Gleichgewicht und entsteht aus einem eng verwobenen Netz von Beziehungen und Wechselwirkungen der Organismen untereinander und mit ihrer Umwelt.

In meiner wissenschaftlichen Berufstätigkeit auf dem Gebiet der ökologischen Chemie und insbesondere der hochtoxischen Umweltchemikalien habe ich erkannt, dass menschliches Handeln auf lokaler und regionaler Ebene global langfristig zerstörerische Folgen für Mensch und Natur haben kann und wird. Der Einsatz von Umweltschadstoffen, seien es persistente organische Schadstoffe oder Emissionen von klimaschädlichen Gasen, und der Verlust von Biodiversität stehen in einem Zusammenhang. Der Mensch ist der bestimmende Faktor in der ökologischen Krise: Durch zügellosen Konsum und den damit verbundenen Ressourcenverbrauch verursacht er die Zerstörung der Umwelt.

Der niederländische Chemiker Paul J. Crutzen, der dieses Zeitalter wie oben erwähnt die Epoche des Anthropozäns nennt, hat mit zwei anderen Wissenschaftlern entscheidenden

Anteil an der Erklärung der chemischen Prozesse, die zur Zerstörung der Ozonschicht in der Stratosphäre führen. Das Ozonloch ist ein sehr gutes Beispiel für Umweltschäden durch vom Menschen künstlich erzeugte Chemikalien wie Fluorchlorkohlenwasserstoffe (FCKW) und Halon, die in diesem Fall in rund vierzig Kilometern Höhe zur chemischen Instabilität und zum Ozonabbau führen.

Das Konzept des Anthropozäns zeigt den Widerspruch zwischen menschlichem Handeln und menschlichem Wissen. Jeder einzelne Mensch trägt dazu bei, eine tiefgreifende und nachhaltige Veränderung unseres Planeten zu bewirken und dabei unsere Lebensgrundlage zu zerstören, sei es unter anderem durch Urbanisierung, Verbrauch von fossilen Rohstoffen, Verbrauch von Wasser, Herstellung und Anwendung von umweltschädlichen Chemikalien und Weiteres.

Unser Wissen und Handeln im globalen Maßstab bestimmen unsere Zukunft und wir tragen dafür die Verantwortung. Der Philosoph Hans Jonas sagt in seinem Buch „Das Prinzip Verantwortung“: „Handle so, dass die Wirkungen deiner Handlungen verträglich sind mit der Permanenz echten Lebens auf der Erde.“ Mit anderen Worten müssen Sachwissen und Wertewissen miteinander verbunden werden und daraus folgt Verantwortungswissen. Die Zusammenarbeit zwischen Naturwissenschaft und Geisteswissenschaft kann einen wichtigen Beitrag dazu leisten.

Im 21. Jahrhundert ist es angesichts der von uns Menschen innerhalb weniger Jahrzehnte geschaffenen globalen Probleme an der Zeit, uns der Unzulänglichkeit unserer herkömmlichen Denkweise bewusst zu werden. Was wir brauchen, ist eine neue Sicht der Wirklichkeit, ein Bewusstsein, dass vieles, was wir durch ein reduktionistisches lineares Denken getrennt haben, miteinander zusammenhängt. Verbindende unsichtbare Fäden hinter den Dingen sind für das Geschehen in der Welt oft wichtiger als die Dinge selbst. Es fehlt uns häufig eine Einsicht in unsere Welt als vernetztes System, was vernetztes Denken als Gegenpol zu linearem Denken erfordert. In komplexen vernetzten und dynamischen Handlungssituationen macht unser Gehirn Fehler. Wir beschäftigen uns mit dem ärgerlichen Knoten und sehen nicht das Netz. Wir berücksichtigen nicht, dass man in einem System nicht eine Größe allein modifizieren kann, ohne damit gleichzeitig alle anderen zu beeinflussen. Die Realität der Welt ist nur interdisziplinär zu erfassen! So müsste die Betrachtung eines komplexen Systems, zum Beispiel eines Ökosystems, von vornherein alle Fachgrenzen überschreiten. Demnach sind nicht Naturwissenschaft, Geistes- und Sozialwissenschaften oder Kulturwissenschaft je für sich allein gültig, höchstens die Ökologie ist vielleicht die Kernwissenschaft, die alle anderen Disziplinen umfasst. Nur wenn wir auch das Beziehungsnetz zwischen den Einzelwissenschaften erkennen und fachübergreifend arbeiten, haben wir die Chance, unsere globalen Probleme in den Griff zu bekommen.

(Natur-)Wissenschaft und Demokratie gründen sich auf dieselbe Denkweise: die Entscheidung der Effizienz von Kritik und Dialog zwischen Gleichberechtigten unter den Bedingungen der Transparenz. Die Entwicklung der (Natur-) Wissenschaft bedarf also unabdingbar des Friedens und der Freiheit.

Die Wissenschaft spielt in den modernen Gesellschaften eine wichtige Rolle bei der Zukunftsgestaltung und bietet einen geeigneten institutionellen Rahmen, um die Herausforderungen der Zukunft rechtzeitig zu erkennen und Lösungsmöglichkeiten zu entwickeln. Dabei sollten wissenschaftliche Einrichtungen transdisziplinär kooperieren.

Kooperation muss als das Schlüsselwort für die Zukunftsgestaltung gelten. Nur gemeinsam können wir uns den Herausforderungen der Zeit stellen. Wenn wir auf die Evolution schauen, so wissen wir, dass in ihr zwei Grundprinzipien wirksam sind: die Mutation, die für die genetische Vielfalt sorgt, und die Selektion, die Individuen einer Art auswählt, welche an die gegebene Umwelt am besten angepasst sind. So wie die Selektion auf die Mutation angewiesen ist, hängt die Kooperation von diesen beiden ab. Die Kooperation agierte während der gesamten Evolutionsgeschichte als die Architektin der Kreativität, die immer neue Geschöpfe hervorbrachte, von den Einzellern über mehrzellige Organismen bis hin zu den Menschen. Aus der Kooperation geht die konstruktive Seite der Evolution hervor. Die Gesetze der Evolution sind nicht auf Erhaltung des Individuums, sondern auf Erhaltung der Art und darüber hinaus des Lebens in seiner Gesamtheit ausgerichtet. Evolution ist ein Lernprozess, der in Versuch und Irrtum voranschreitet: Erstens kennt die Evolution ein kollektives Lernen, einen Erfahrungsgewinn von 3,5 Milliarden Jahren Leben in unserer Welt, der in den Genen gespeichert ist. Zweitens fließen individuelles Lernen und individuelle Erfahrungen in diesen Prozess ein. Erziehung ist drittens auch organisierte Wissensübertragung.

Vom Studium der Substanz zum Studium der Struktur und weiter zum Studium der Organisationsmuster des Lebens, das heißt die Einsicht in unsere Welt als vernetztes System ist unter anderem die zukünftige Aufgabe der Naturwissenschaft in Kooperation mit anderen Fachdisziplinen. Daraus folgt ein ökologisch orientiertes Denken, das weit mehr als

Umweltschutz ist. Die Ökologie ist die Wissenschaft, die nicht die Dinge selbst innerhalb der eigenen Klassifikation, sondern das Beziehungsnetz zwischen ihnen untersucht, und zwar fachübergreifend.

Darüber hinaus sollte sich die Umweltwissenschaft auch mit den Folgen menschlichen Handelns in den Ökosystemen beschäftigen. In Analogie zur Ökologie kann man die Dreierteilung der Substanz, der Struktur und des Systems vereinfacht auf die menschliche Gesellschaft übertragen: Individuum, Institution und politisches System. Nach meiner persönlichen Erfahrung können wir die Herausforderungen der Zukunft am besten bewältigen durch gute Bildung, inklusiv ausgerichtete politische Institutionen und eine offene Gesellschaft.

Demgegenüber sehe ich bestimmte Entwicklungen trotz aller positiven Erlebnisse und Erfahrungen auch in den westlichen Gesellschaften als besorgniserregend an: Wissenschaftsfeindlichkeit, Nationalismus, Populismus, Gewalt und Umweltzerstörung. Ich habe in meinem Leben erfahren, dass drei Herrschaftssysteme unsere Zukunft gefährden: die Herrschaft der Religion, die Herrschaft von Ideologien und die Herrschaft des Kapitals. Diese drei Monster lassen sich durch Kooperation und Wissensaustausch langfristig besiegen, auch wenn es nicht leicht ist. Eine vernetzte Wissenschaft in einer offenen Gesellschaft bietet uns dabei ein entscheidendes Instrument. Trotz der großen Gefahren bleibe ich Optimist und lasse mich nicht vom Glauben an eine gelingende Zukunft der Menschheit abbringen.

Angesichts der zahlreichen globalen Probleme wie Umweltverschmutzung, Rückgang der Artenvielfalt, Klimaveränderung und anderes ist es den meisten von uns klargeworden, dass die Menschheit sich in einer problematischen Situation befindet. Wir sind dabei, unsere Zukunft und die Zukunft der nächsten Generationen zu gefährden. Die Probleme sind nicht einfach zu lösen. Daher sind neue Entwürfe nötig, sowohl individuell wie auch gesamtgesellschaftlich. Die individuelle wie gesellschaftliche Verantwortung tragen wir alle. Wir müssen sie nur wahrnehmen. Denn aufgrund der ökologischen Grenze des Wachstums haben wir im 21. Jahrhundert zwei Alternativen: mit erbitterten Verteilungskämpfen um natürliche Ressourcen neue Gewalt und neue Kriege zu provozieren oder dieses Jahrhundert zum Jahrhundert der Nachhaltigkeit zu machen.

In der Agenda 2030 der UNO ist dies in siebzehn Zielen festgeschrieben. Zur Sicherung einer weltweiten nachhaltigen Entwicklung auf ökonomischer, sozialer, ökologischer Ebene richtet sich die Agenda an alle Regierungen, alle Kulturen, Zivilgesellschaften, Privatwirtschaften und Wissenschaftszweige.

Die Idee der nachhaltigen Bildung ist letztlich eine konsequente Verlängerung der Idee der Menschenrechte, auch wenn sie im Moment noch eine Menschheitsutopie ist. Auf der anderen Seite kommt weltweit eine immer stärkere Gegenbewegung auf, die mir große Sorgen bereitet, weil sie sich pseudo- oder sogar antiwissenschaftlich, antidemokratisch und antifreiheitlich gebärdet. Trotzdem bleibe ich optimistisch und bin überzeugt, dass die Bildung ein geeignetes Instrument ist, um die Zukunft positiv und konstruktiv zu gestalten.

Epilog: Wer bin ich? Die Frage der Identität

Im fortgeschrittenen Alter häufen sich die Momente, in denen man über sich selbst nachdenkt und sich die Frage stellt: „Wer bin ich?" Diese auf den ersten Blick harmlos klingenden drei Worte haben es in sich! Denn sie konfrontieren einen mit der Frage der eigenen Identität. Was will ich, wofür stehe ich, wo fühle ich mich zugehörig, was glaube ich? All dies sind Fragen, die die eine Frage, die Hauptfrage „Wer bin ich?", aufgliedern und konkretisieren. Besondere Brisanz hat sie für Menschen wie mich, die ihre Heimat verlassen und dafür ein neues Zuhause gewonnen haben. Wir stehen damit zwischen verschiedenen Welten und ob dies für uns und für andere ein Segen ist oder nicht, hängt zunächst davon ab, wie wir uns selbst zu dieser Tatsache verhalten.

Sehr wesentlich in diesem Zusammenhang finde ich die Frage, ob ich mich mit einer Identität oder mit mehreren Identitäten definieren kann, darf, will. Wie frei sind wir bei der Wahl unserer Identitäten, zum Beispiel der Nationalität, Sprache, der politischen Einstellungen, des Berufs, der Religion und anderem? Sollen andere Teile der Gesellschaft meine Identität definieren oder habe ich die Freiheit der Wahl? Sollen wir gefangen in einer einzigen Identität sein? Dies empfände ich als eine Quelle von Ausgrenzung und Abwertung und würde letztendlich zur Gewalt führen. In dem Kontext denke ich an das Wort von Amartya Sen, dass ein Identitätsgefühl eine Quelle von Stolz, Kraft und Selbstvertrauen sein, Identität aber auch töten kann. Der Professor aus Harvard, Nobelpreisträger für Wirtschaftswissenschaften und Friedenspreisträger des Deutschen Buchhandels ist ein großartiger Humanist und Philosoph, der sich mit einem klugen und weiten Blick mit dem Thema Identität auseinandersetzt.

Abstrahiere ich von meiner eigenen Person und hebe die Thematik auf eine allgemeinere Ebene, so ist zu fragen, ob sich Orient und Okzident gegenüberstehen, der Westen und der Rest der Welt, Abendland und Morgenland, die westliche Wissenschaft hier und Religion und traditionelle Ansätze dort. Oder verbietet es sich, in solchen Gegensätzen zu denken? In dieser Frage hilft es mir, dass sich die Ideen und Erkenntnisse der sogenannten westlichen Wissenschaft auf das Erbe der gesamten Menschheit stützen. Mathematik, Naturwissenschaft und Philosophie spielten in der griechisch-römischen Antike, der europäischen Renaissance und später in der Aufklärung eine bedeutende Rolle, aber sie haben auch sehr viele Einflüsse aus der nichtwestlichen Welt und deren Gesellschaften aufgenommen. Ideen und Erkenntnisse, die in den letzten Jahrhunderten im Westen entwickelt wurden und die die moderne Welt in großartiger Weise verändert haben, sind nicht ausschließlich eine westliche Konzeption. Derlei Errungenschaften einer bestimmten Region oder Kultur zuzuschreiben ist historisch gesehen unzutreffend. Ein Beispiel aus der Geschichte der Wissenschaft: Die besten Universitäten in den USA und Europa machen bei der Lösung schwieriger Rechenprobleme heutzutage von Algorithmen Gebrauch. Der Begriff Algorithmus leitet sich vom Namen des persischen Mathematikers

Al-Chwarizmi aus dem 9. Jahrhundert her, der außerdem die Algebra begründet hat.

Werte wie religiöse Toleranz, politische Freiheit, Demokratie und öffentlicher Diskurs gehören also sicherlich zu den bedeutendsten Errungenschaften der europäischen Aufklärung. Aber daraus abzuleiten, dass westliche Werte einzigartig seien und diese junge Erfahrung in der Geistesgeschichte der Menschheit immer ein Wesenszug der westlichen Welt gewesen sei, ist nicht nur falsch, sondern gefährlich, weil es auf Konflikt ausgerichtet ist. So entsteht ein „Wir" gegen „die anderen".

Auch in Persien, Indien, China und anderen Ländern gab es Jahrhunderte nach der Blüte der griechischen Demokratie demokratische Elemente in regionalen Regierungen. Ein Beispiel aus Persien: Die Stadt Susa im Südwesten des Landes hatte jahrhundertelang einen gewählten Rat, eine Volksversammlung und Richter, die vom Rat vorgeschlagen und von der Volksversammlung gewählt wurden. Auch öffentlichen Diskurs und Beratungen als demokratische Elemente gab es in aller Welt und nicht ausschließlich im Westen. Ich bedaure es sehr, dass in den letzten Jahrzehnten im Westen nationalistische und populistische Bewegungen entstanden sind, die im Namen der Verteidigung des Abendlandes die Einzigartigkeit des Westens betonen und damit eine fremdenfeindliche und ausgrenzende Politik betreiben. Andererseits lässt sich in nichtwestlichen Ländern wie beispielsweise bei den Machthabern der Islamischen Republik Iran ein starker Widerstand gegen die sogenannte Verwestlichung feststellen. Dabei werden alle Ideen und Erkenntnisse der westlichen Welt undifferenziert abgelehnt. Die Freiheit, an einem öffentlichen Diskurs teilzunehmen, ist jedoch nicht westlich, sondern ein universaler Wert! Die Einteilung der Welt in westlich und nichtwestlich halte ich für einen destruktiven Akt, der zudem das Urteilsvermögen beeinträchtigen kann, denn damit gelangt man schnell zu einer falschen Diagnose der Realität.

Die vornehmlich von Europa in Renaissance und Aufklärung entwickelten, philosophisch und wissenschaftlich begründeten und kultivierten großartigen Errungenschaften sind ein Geschenk an den Rest der Welt. Sie haben zu einem gewaltigen gesellschaftlichen Fortschritt geführt. Die antiwestliche Sichtweise, sei sie religiös oder politisch begründet, ist inzwischen geradezu zu einer zerstörerischen Ideologie geworden.

Allerdings hüte ich mich vor einer einseitigen Verherrlichung des Westens: Auch in seiner Geschichte gab es über Jahrhunderte hinweg trotz Aufklärung äußerst inhumane Ereignisse. Man denke vor allem an den Kolonialismus mit der systematischen Ausbeutung der Länder des globalen Südens, an zahlreiche Kriege, zu denen vor allem zwei Weltkriege mit Abermillionen an Toten gehören, man denke an den Faschismus in all seinen menschenverachtenden Ausprägungen und auch nicht zu vergessen die Opfer des Stalinismus. Jedoch hat die offene demokratische Gesellschaft gegenüber autoritären und diktatorischen Regimen den unschätzbaren Vorteil, dass sie sich leichter mit der eigenen Geschichte einschließlich der begangenen Verfehlungen beschäftigen und Verbrechen aufarbeiten kann. Als konkretes Beispiel steht mir hier Deutschland vor Augen, das sich mit dem unfassbaren Zivilisationsbruch des Nationalsozialismus tiefgreifend auseinandergesetzt hat und dies hoffentlich konsequent weiterhin tut.

Ein solcher Blick auf das Große und Ganze hilft mir nun wieder, die eigene Existenz besser einzuordnen und mit der drängenden Frage nach der eigenen Identität umzugehen. 23 Jahre meiner Kindheit, Jugend und des frühen Erwachsenenalters habe ich im Iran verbracht. Während meiner Sozialisation innerhalb und außerhalb der Familie habe ich einiges von der iranischen Geschichte, Mythologie und Dichtkunst aufgenommen und bin natürlich mit der persischen Sprache als Muttersprache aufgewachsen. All diese Traditionen, die in sehr alte Zeit zurückreichen, haben mir zusammen mit meinem familiären Hintergrund eine starke Portion Selbstvertrauen vermittelt. Als Iraner fühlte ich mich getragen von einem reichhaltigen kulturellen Erbe, das bis in die Gegenwart kräftig weiterwirkt. Gleichwohl hat mich diese Prägung nicht davon abgehalten, mich auf andere Kulturen einzulassen, ich bin in meiner Ursprungskultur nicht gefangen. Denn mir ist mittlerweile deutlich bewusst, dass der Bezug auf die große Vergangenheit des Iran als Kulturnation nicht ausreichen wird, um auch in Zukunft zu bestehen. Unsere „glorreiche“ Geschichte wird uns höchstens partiell dabei helfen können, aktuelle und künftige Probleme angemessen zu lösen.

Vor über einem halben Jahrhundert bin ich nach Deutschland gekommen und habe vom deutschen Bildungssystem sehr profitiert. Nicht nur habe ich studiert und gearbeitet, sondern mich nebenher auch mit der deutschen Geschichte, Kunst und Kultur beschäftigt und dabei eine Beziehung zur deutschen Sprache aufgebaut.

Im Rückblick auf meinen Weg in Deutschland erkenne ich sowohl positive als auch negative Erlebnisse und kann drei prägende Phasen unterscheiden: In den ersten Jahren nach meiner Ankunft 1969 war ich begeistert von der neuen Welt, in der ich gelandet war, und genoss die Freiheit von politischer Gängelung und moralischer Bevormundung wie auch den Lebensstandard sehr. Aber nach und nach setzte eine Verunsicherung ein, ich musste verschiedene Situationen verarbeiten, in denen ich offenkundig wegen meiner Herkunft benachteiligt worden war, zudem merkte ich, dass meine Kenntnisse der deutschen Sprache und Kultur immer noch nicht ausreichten, und ökonomisch befand ich mich in einem schwierigen Schwebezustand. All dies führte in eine tiefe Verzweiflung hinein, die ebenfalls etliche Jahre angehalten hat. Aber ich habe nicht aufgegeben, denn Aufgeben ist das Schlimmste, was man in einer solchen Situation tun kann. Auch Rückzug war keine Option, vielmehr bin ich dabeigeblieben, trotz aller Schwierigkeiten Teil der deutschen Gesellschaft sein zu wollen. Immer noch erkannte ich mehr Chancen als Risiken. Mit dieser Haltung habe ich versucht mich durch die Probleme durchzubeißen, bis ich ganz allmählich Licht am Ende des Tunnels gesehen habe. So ist die Verzweiflung in einem längeren Prozess in Selbstvertrauen und Zuversicht übergegangen und gleichzeitig hat auch der berufliche Erfolg eingesetzt.

Ähnliches gilt für meine Frau Simin. Wir beide sind über ein halbes Jahrhundert lang ein Paar, das sich in Deutschland kennengelernt hat, und wir haben durchaus allerlei Diskriminierung und Ausgrenzung erlebt, etwa aufgrund unserer Herkunft, unserer Namen und insbesondere bei Anträgen auf Aufenthalts- und Arbeitserlaubnisse. Obwohl meine Frau mit einem eigenen akademischen Abschluss im Fach Biologie sehr gerne gearbeitet hätte, besaß sie in den ersten 25 Jahren ihres Lebens in Deutschland keine

Arbeitserlaubnis! Das kann man kaum glauben. Aber dennoch: Bedeutend intensiver ist die Fülle positiver Erfahrungen und Erlebnisse. Ich kann sagen, wir sitzen kulturell nicht *zwischen zwei Stühlen,* sondern wir haben uns bewusst *auf einen dritten Stuhl* gesetzt, der unsere persönliche Rolle als Grenzgänger zwischen zwei Kulturen symbolisiert. Anders ausgedrückt: Wir versuchen im Kleinen eine Brücke zwischen Orient und Okzident oder zwischen Iran und Deutschland zu bilden. Außer unseren Freundschaften zu Iranern pflegen wir auch eine ganze Reihe an Beziehungen und Freundschaften zu Deutschen. Von Anfang an haben wir sehr bewusst nicht ausschließlich in der iranischen Community gelebt, sondern auch in der deutschen Gesellschaft. Dadurch haben wir die deutsche Lebensweise und ihre Gepflogenheiten kennengelernt und sind sehr interessanten, offenen und fortschrittlichen Menschen begegnet. Wir waren auch Teil gesellschaftlicher Bewegungen in der westlichen Welt wie der 68er-Bewegung und meine Frau hat sich in der Frauenbewegung aktiv engagiert. Wir wollen nicht gefangen in einer einzigen Kultur sein. Wichtig war und ist unsere Freiheit, die Zugehörigkeit zu einer Gemeinschaft selbst zu bestimmen und uns nichts von außen aufdrängen zu lassen. Dazu hat uns Deutschland den Raum gegeben und ihn nutzen wir. Diese Freiheit ist sehr wichtig und ein schützenswertes Gut. Auch Nichtdeutsche sollten sich für diese Freiheit einsetzen – sie ist keine rein deutsche Angelegenheit.

Es besteht kein Zweifel, dass meine kulturelle Herkunft einen erheblichen Einfluss auf mein Denken, Handeln und auf meine Lebensweise ausgeübt hat. Zugleich ist eine gewisse Skepsis angebracht, ob meine kulturelle Herkunft der einzige bestimmende Faktor für mein Leben und meine Identität ist. Andere Einflussgrößen wie der Beruf, politische Einstellungen, ein über ein halbes Jahrhundert andauerndes Leben in Deutschland, internationale Erfahrungen als Umweltwissenschaftler und Experte für das Umweltprogramm der Vereinten Nationen spielen inzwischen ebenfalls eine beträchtliche Rolle für mich. Außerdem ist Kultur keine unkomplizierte Zuschreibung. Auch im Iran bestehen große Unterschiede zwischen den ethnischen und regionalen Ausprägungen von Religion, Literatur, Musik, zwischen der jungen und älteren Generation. Die Kultur steht nicht still, sie ist dynamisch und ändert sich in der Wechselbeziehung mit anderen Kulturen. Die Lebensweisen im Iran, in Deutschland und zeitweise auch in den USA haben meinen Horizont stark erweitert, und dies empfinde ich als persönlich großes Glück. So bin ich ein Mensch mit mehreren Identitäten geworden und lasse mich von niemandem in eine Schublade stecken.

Nach meiner Einschätzung hat die Fixierung auf den Westen als angebliche Ursache aller Ungleichheiten und Ungerechtigkeiten in der Welt mit der antiwestlichen Ideologie in den letzten Jahrzehnten zugenommen, ich habe diesen Gedanken oben bereits angedeutet. Ja, sie hat eine aggressive Form angenommen und definiert sich geradezu als eine neue globalpolitische polarisierende Kraft, die stark zur Identitätsbildung, aber auch zur Abgrenzung beiträgt. Um dem entgegenzutreten, sollte man auch in Deutschland die kulturelle Vielfalt durch stärkere Integration sowie bessere Kommunikation fördern. Die verschiedenen ethnischen und kulturellen Gruppen in Deutschland sollten mehr voneinander wissen und ein besseres Verständnis füreinander entwickeln. Das erfordert den Einsatz aller, hiervon dürfen sich weder Zugewanderte noch hier Geborene ausnehmen. Gerade in der westlichen Welt hat die Vielfalt der Gastronomie, der Literatur, der Musik, des Sports, des Films für eine große Bereicherung gesorgt. Statt mit einer Entweder-oder-Identität sollten wir uns im Umgang miteinander mit Verständnis und Empathie begegnen und keinesfalls, egal auf welcher Seite, von einer überlegenen Kultur ausgehen. Ich habe versucht dies zu praktizieren und gute Erfahrungen damit gemacht. Auf der anderen Seite dient es nicht der Verständigung, wenn man Zugewanderten die Frage nach der Identität als Fremder, Ausländer, Neudeutscher oder als Person „mit Migrationshintergrund" unvermittelt und kontaktlos stellt. Dies kann schnell zu Missverständnissen führen und als Ausgrenzung verstanden werden.

An dieser Stelle möchte ich ein gutes Beispiel aus meinem Umkreis anführen: Als ich mich mit der Idee beschäftigte, dieses Buch zu schreiben, und auf der Suche nach einem Lektor war, habe ich Dr. Malte Heidemann kennengelernt. Sehr schnell nach Beginn unserer Zusammenarbeit fasste er den Entschluss, in den Iran zu reisen. Dafür aktivierte er dort einen bereits bestehenden Kontakt, besuchte verschiedene Städte und lernte mehrere Familien kennen. Tief beeindruckt von der Weltoffenheit, Neugier und Gastfreundschaft der Iraner kehrte er zurück. Er sagte mir, er habe überhaupt nicht erwartet, dass Menschen, die seit Jahrzehnten unter einem totalitären Regime international isoliert leben müssten, so kontaktfreudig und gesprächsbereit auf Fremde zugingen. Das empfand er als großartige Erfahrung.

Mit diesen Erkenntnissen konnte er mich und meine Herkunft besser verstehen. Zu seiner professionellen

Arbeitsweise kam also diese kluge Entscheidung hinzu, in den Iran zu fliegen und sich das Land anzuschauen. Dies hat mich sehr positiv ihm gegenüber gestimmt und unsere Zusammenarbeit ausgesprochen vorteilhaft beeinflusst.

Wenn es um die Frage geht, wer ich intellektuell bin, so habe ich im vorigen Kapitel ja dargestellt, wie segensreich es war, mich von den autoritären Ansprüchen der Religion und der Tradition zu lösen. Auf der Suche nach einem tragenden Fundament habe ich mich stattdessen auf Wanderschaft im offenen Gelände der Naturwissenschaften begeben, mit allen Hindernissen und Unwägbarkeiten. Diese Wanderschaft hat mich reifer und toleranter gemacht und Bildung war mir dabei stets der Kompass. Auf der Suche nach der Erklärung der Welt gab mir die Naturwissenschaft bessere Mittel an die Hand. Sie ist ein geeignetes Instrument, um die Welt zu verstehen, obwohl ihre Erklärungen nicht endgültig, sondern immer wieder zu verbessern sind. Sie ist der erfolgreichste Erkenntnisgewinn in der Geschichte der Menschheit und wir alle profitieren ganz entscheidend davon. Durch die Stärke der Naturwissenschaft machen wir zahlreiche Entdeckungen. Die visionäre Kraft der Naturwissenschaften eröffnet uns ein neues Territorium der Realität. Sie ist kritisch, rebellisch und verbeugt sich nicht vor Religion, Tradition, Autoritäten und vermeintlich ewigen Wahrheiten. Sie wird aus dem geboren, was wir nicht wissen. Die Natur- und die Umweltwissenschaft haben mir sehr dabei geholfen, strukturiert, vernetzt und systemisch zu denken – eine Errungenschaft meiner Zeit als Naturwissenschaftler in Deutschland und bei der UNEP.

Über ein halbes Jahrhundert lebe ich nun in diesem freiheitlich-demokratischen und rechtsstaatlichen Land, was ich als Glücksfall empfinde, denn sowohl in meinen wissenschaftlichen wie auch unternehmerischen Tätigkeiten habe ich ganz praktische Vorteile daraus gezogen. So habe ich die Gelegenheit bekommen, ein international arbeitendes Forschungs- und Untersuchungsinstitut mit ausgezeichneten Mitarbeitern aufzubauen. Wo es nötig war, habe ich für meine Firma Unterstützung von deutschen Institutionen erhalten und bin dankbar dafür. Darüber hinaus durfte ich erfahren, dass in Deutschland überwiegend die Fachkompetenz geschätzt und honoriert wird und nicht allein die Beziehungen.

Insbesondere der Zugang zu Bildung hat großen Einfluss auf meine Entwicklung ausgeübt. Welche Bedeutung dies hat, ist mir erst im Laufe meines beruflichen Lebens, gerade auf meinen weltweiten Reisen, in seiner vollen Tragweite bewusst geworden: Bildung als Triebkraft der ganzen gesellschaftlichen Entwicklung bedeutet die Ausbildung der menschlichen Fähigkeiten. Bildung ist nicht nur ein notwendiges Instrument für den gesellschaftlichen Fortschritt, sondern leistet einen wichtigen Beitrag für den Individualisierungsprozess der jungen Generation, der auch im Interesse des Gemeinwohls erforderlich ist. Ich hatte mit den giftigsten Stoffen zu tun, die Menschen je produziert haben, musste jedoch erkennen, dass es noch zwei giftigere Substanzen gibt: Armut und das Fehlen grundlegender Bildung.

Auch wenn das deutsche Bildungssystem in internationalen Vergleichen der vergangenen Jahre nicht überragend gut abgeschnitten hat, so ist Deutschland dennoch eine Bildungsnation. Sehr imponiert hat mir, dass es Naturwissenschaftler von Weltrang hervorgebracht hat. Mit Erstaunen habe ich festgestellt, dass dreißig deutsche Chemiker zwischen 1902 und 2022 den Nobelpreis gewonnen haben. In Berlin-Dahlem, wo ich Chemie studiert und promoviert habe, entstand in der Weimarer Zeit ein Forschungszentrum mit namhaften Wissenschaftlern und Nobelpreisträgern wie Lise Meitner, Otto Hahn, Werner Heisenberg, Max Planck, Albert Einstein und anderen – ein Ort des universellen Denkens und prägend für zukünftige Forschergenerationen. Dies ruft meinen großen Respekt hervor.

Zur Frage, wer ich bin, gehört auch, dass ich auf meinem Weg mit der Bekanntschaft vor allem zweier Menschen reich beschenkt worden bin. Sie haben mein Denken und Handeln tief beeinflusst. Es waren Persönlichkeiten mit Weitblick, deren Wissen, Handlungen und Haltungen nicht nur mir, sondern auch vielen anderen Menschen zugutegekommen sind. Sie wirkten über ihre Sachkenntnis auf verschiedenen Gebieten hinaus kreativ, integrativ, kooperativ, verantwortungsbewusst, respektvoll und bescheiden. Von ihnen durfte ich lernen, fachlich wie menschlich, und ihnen bin ich zu großem Dank verpflichtet.

Einer der beiden ist Professor Dr. Otto Hutzinger (1933–2012), der mir bei meiner Firmengründung eine immens wertvolle Partnerschaft anbot und später ein kluger Ratgeber und Freund wurde.

Der andere Mensch, der mich tief beeindruckt und geprägt hat, ist Professor Dr. Ehsan Yarshater (1920–2018), der Direktor des Center for Iranian Studies in New York. Ähnlich wie bei Otto Hutzinger war auch sein Denken und Handeln international ausgerichtet. Zudem war er ein großer Motivator von Menschen und Kommunikator, auch dies verbindet beide miteinander. Beide waren Philanthropen. Und ein Letztes: Beide hatten Visionen, die sie in die Tat umgesetzt haben!

Nun liegen mir noch einige abschließende Bemerkungen auf dem Herzen. Sie richten sich an junge Menschen in Deutschland, die selbst oder deren Eltern aus anderen Kulturkreisen stammen. Ich habe auch schmerzhaft erfahren, was es heißt, in einem fremden Land zu Hause zu sein, dessen Sprache man lernen muss und in dem man sich nicht immer willkommen fühlt. Eine erfolgreiche Integration in einer fremden Kultur ist ein Triumph des menschlichen Geistes, des Mutes und des Erfindungsreichtums.

Zwar bin ich ein alter Mann, aber vielleicht helfen auch Euch die Einsichten und Haltungen, die mir vor Jahrzehnten geholfen haben:

Wenn ich in einer Sackgasse stecken geblieben bin, habe ich mich nicht lange damit aufgehalten und bin weitergezogen. Offen und neugierig zu bleiben ist immer besser, als zu jammern und zu schimpfen. Man kann verpassten Chancen nachtrauern, aber sollte nicht zu lange dabei stehen bleiben.

Ganz wichtig war mir all die Jahre hindurch, hier in Deutschland den Kontakt zu den Deutschen zu suchen und mich nicht nur in der iranischen Community zu verstecken. Es ist bequem, mit Landsleuten die Muttersprache zu sprechen, das vertraute Essen zu kochen und gemeinsam Musik aus der Heimat zu machen. Das haben wir natürlich auch immer wieder getan, weil es die Seele wärmt. Weiter führen aber Begegnungen mit Deutschen. Ihr werdet davon profitieren und daran reifen.

Der Gedanke, bei allen Schwierigkeiten, Hindernissen und frustrierenden Erfahrungen aufzugeben, den Mut fallen zu lassen, kam für mich nie ernsthaft in Betracht. Bleibt nicht bei Negativem stehen. Es wird Euch nicht helfen, wie durch das Schlüsselloch der Gesellschaft zu schauen, aber selbst außen vor zu bleiben. Öffnet stattdessen die Tür, tretet in die Gesellschaft ein und mischt Euch ein mit eigenen Ideen. Nur dann werdet Ihr in dieser Gesellschaft etwas gestalten und sie im Kleinen auch verändern können. „Verändern" heißt für mich, sich einzusetzen für eine wahrhaft offene Gesellschaft, und das nicht nur im wirtschaftlichen Sinn. Deutschland ist auch unser Land. Meine Erinnerungen in diesem Buch spiegeln nicht nur die Geschichte eines Iraners wider, sondern gehören auch in die deutsche Gegenwartsgeschichte. Und ich bin nur ein winzig kleiner Teil dieser Geschichte.

Danksagung

An allererster Stelle danke ich meinen Eltern für all das, was sie mir auf meinen Lebensweg mitgegeben haben. Ihre Liebe und das Gefühl von Geborgenheit, das sie mir vermitteln konnten, hat mir die Kraft und Zuversicht verliehen, mein Leben zu gestalten.

Meine Familie ist mir ein emotionaler Anker und insbesondere meine Frau Simin meine großartigste Unterstützerin und die wichtigste Konstante meines Lebens. Danke, dass Ihr da seid!

Sodann danke ich allen, die am Zustandekommen dieses Buches beteiligt waren: zuallererst meinem Coach und Lektor Dr. Malte Heidemann für seine professionelle Unterstützung. In der Zusammenarbeit mit ihm habe ich nicht nur die Methoden und Arbeitsweisen beim Verfassen eines Buches erlernt, sondern er hat mir darüber hinaus eine noch tiefere Beziehung zur deutschen Sprache vermittelt.

Dr. Mohammed Mobasheri, Prof. Dr. Nasser Kanani, Kurt Scharf und Dr. Franziska Heidemann danke ich vielmals für ihre kritische Lektüre des Manuskriptes und konstruktive Vorschläge.

Quellenangaben

Hinweis: Die Quellenangaben sind nach der Reihenfolge des Auftretens im Text angeordnet. Die weiterführenden Literaturhinweise stehen in alphabetischer Reihenfolge.

Kapitel 1

Kanani, Nasser: Hafis' Liebeslyrik im Spiegel der deutschen Dichtung. Hafis und die deutschsprachigen ‚Hafisianer', Würzburg 2021

Zweig, Stefan: Die Welt von Gestern. Erinnerungen eines Europäers, Frankfurt am Main 1970

Kapitel 2

Havemann, Robert: Dialektik ohne Dogma? Naturwissenschaft und Weltanschauung, Reinbek b. Hamburg 1964

Bahro, Rudolf: Die Alternative. Zur Kritik des real existierenden Sozialismus, Köln/Frankfurt am Main 1977

Kröher, Michael: Der Club der Nobelpreisträger. Wie im Harnack-Haus das 20. Jahrhundert neu erfunden wurde, München 2017

Bohr, Niels: Atomtheorie und Naturbeschreibung. Vier Aufsätze mit einer einleitenden Übersicht, Berlin 1930

Mohr, Hans: Einführung in (natur-)wissenschaftliches Denken, Mathematisch-naturwissenschaftliche Klasse der Heidelberger Akademie der Wissenschaften 19, Heidelberg 2008

Sagan, Carl: Der Drache in meiner Garage oder Die Kunst der Wissenschaft, Unsinn zu entlarven, München 1977

Hacking, Ian: Einführung in die Philosophie der Naturwissenschaften, Reclams Universal-Bibliothek Nr. 9442, Stuttgart 1996

Fuhrhop, Jürgen-Hinrich; Wang, Tianyu: Sieben Moleküle. Die chemischen Elemente und das Leben, Weinheim 2008

Manbeck, Gerald F.; Fujita, Etsuko: A review of iron and cobalt porphyrins, phthalocyanines and related complexes for electrochemical and photochemical reduction of carbon dioxide, Journal of Porphyrins and Phthalocyanines 19 (2015) 01–03, S. 45–64

Hosseinpour, Djamshid: Bismetallische, makrolidartige Dimere des Deuteroporphyrins und Tetrocyclohexeno (b. g. l. q.) Porphyrine sowie ihre Wechselwirkungen untereinander und mit Vesikelmembranen, Inauguraldissertation, Freie Universität Berlin 1984

Fuhrhop, Jürgen-Hinrich; Hosseinpour, Djamshid: Porphyrins in polymeric matrices and vesicles, Liebigs Annalen der Chemie 1985, S. 689–695

Kapitel 3

Henseling, Karl O.: Ein Planet wird vergiftet. Der Siegeszug der Chemie: Geschichte einer Fehlentwicklung, Reinbek b. Hamburg 1992

Degler, Hans-Dieter; Uentzelmann, Dieter (Hrsg.): Supergift Dioxin. Der unheimliche Killer, Reinbek b. Hamburg 1984

Hosseinpour, Jamshid; Schlummer, Martin: Umweltbezogene Produktinformation und Produktkennzeichnung in ökologischer Produktgestaltung. In: Lutz Schimmelpfeng, Petra Lück (Hrsg.): Ökologische Produktgestaltung. Stoffstromanalysen und Ökobilanzen als Instrumente der Beurteilung, Heidelberg 1999, S. 69–110

Hosseinpour, Jamshid; Waechter, Gabriel; Rottler, Horst: Testing concept for comparable evaluation of emissions of brominated flame retardants and thermal degradation products. Comparison of halogenated and halogen free flame retarded printed wiring board, Stockholm University, Abstracts BRR 2001, p. 207, Stockholm 2013

Hosseinpour, Jamshid: Quality criteria for international POPs management. Monitoring design and documentation requirement, Organohalogen Compounds 54 (2001), S. 332–334

Hosseinpour, Jamshid; Rottler, Horst: Dioxine und PCBs in Futtermitteln und Lebensmittelindustrie. Qualitätsanforderungen in der Ultra-Spuren-Analytik, Agrarzeitung Ernährungsdienst. Qualität von Futtermitteln, 10.08.2002

Hosseinpour, Jamshid; Rottler, Horst: Persistente organische Schadstoffe (POPs). Ansätze für und Anforderungen an ein internationales Schadstoffmanagement. Persisent organic pollutants (POPs). Strategies for an international management of pollutants, Umweltwissenschaft und Schadstoff-Forschung, 11 (1999) 6, S. 335–342

Watanabe, Shaw: Dioxin 99. International symposium of halogenated environmental organic pollutants POPs, Venice, Italy, Sept 12–17 1999

Hiroyuki, Numata: Das Europäische als das Vertraute und das Fremde in der japanischen Kultur, Zeitschrift für Pädagogik 45 (1999) 3, S. 59–372. DOI: 10.25656/01:5956

Obinger, Julia: Der Aufbruch in Japans Moderne: Die Meji-Restauration, Japandigest, 21.06.2018. URL: https://www.japandigest.de/kulturerbe/geschichte/geschichte/meiji-restauration/ [zuletzt abgerufen am 01.02.2024]

Fuller, Richard et al.: Pollution and health: A progress update, The Lancet Planetary Health, Vol. 6, Issue 6, June 2022, Pages e535–e547. URL: https://www.sciencedirect.com/science/article/pii/S2542519622000900 [zuletzt abgerufen am 01.02.2024]

Gifte aus Industrie, Verkehr und Landwirtschaft. Umweltverschmutzung kostet neun Millionen Menschen das

Leben – pro Jahr, Spiegel Wissenschaft, 27.06.2022. URL: https://www.spiegel.de/wissenschaft/natur/gifte-aus-industrie-verkehr-und-landwirtschaft-umweltverschmutzung-kostet-neun-millionen-menschen-das-leben-pro-jahr-a-2eaf7439-fae3-4d60-9a0d-7c68678b78c2 [zuletzt abgerufen am 01.02.2024]

Hofstede, Gert: Lokales Denken, globales Handeln. Interkulturelle Zusammenarbeit und globales Management, München 2001

Kapitel 4

Popper, Karl R.: Logik der Forschung, Tübingen 2005

Lesch, Harald; Kamphausen, Klaus: Denkt mit. Wie Wissenschaft in Krisenzeiten helfen kann, München 2021

Rovelli, Carlo: Die Geburt der Wissenschaft. Anaximander und sein Erbe, Hamburg 2019

Ball, Philip: Die Elemente. Entdeckung und Geschichte der Grundstoffe, Bern 2022

Levi, Primo: Das periodische System, München, Wien 1987

Darwin, Charles: Der Ursprung der Arten durch natürliche Selektion oder Die Erhaltung begünstigter Rassen im Existenzkampf, Stuttgart 2018

Prigogine, Ilya; Stengers, Isabella: Dialog mit der Natur. Neue Wege naturwissenschaftlichen Denkens, München 1981

Prigogine, Ilya: Vom Sein zum Werden. Zeit und Komplexität in den Naturwissenschaften, München 1992

Dartnell, Lewis: Ursprünge. Wie die Erde uns erschaffen hat, Berlin 2019

Harari, Yuval N.: Eine kurze Geschichte der Menschheit, München 2013

Newton, Isaac: Sir Isaac Newton's Mathematische Principien der Naturlehre. Mit Bemerkungen und Erläuterungen herausgegeben von J. Ph. Wolfers, Berlin 1872. Unveränderter Nachdruck 1992

Schrödinger, Erwin: Was ist Leben? Die lebende Zelle mit den Augen des Physikers betrachtet. Einführung von Ernst P. Fischer, München 1987

Erben, Heinrich K.: Leben heißt Sterben. Der Tod des einzelnen und das Aussterben der Arten, Berlin, Wien 1984

Maturana, Humberto R.; Varela, Francisco J.: Der Baum der Erkenntnis. Die biologischen Wurzeln menschlichen Erkennens, Frankfurt am Main 2009

Maturana, Humberto R.: Biologie der Realität, Frankfurt am Main 1998

Oparin, Alexander I.: Die Entstehung des Lebens auf der Erde, Berlin 1949

Margulis, Lynn: Der symbiotische Planet oder Wie die Evolution wirklich verlief, Frankfurt am Main 2021

Crutzen, Paul J.: Das Anthropozän. Schlüsseltexte des Nobelpreisträgers für das neue Erdzeitalter, hg. v. Michael Müller, München 2019

Sepehri, Sohrab: Der Wind wird uns entführen. Moderne persische Dichtung, ausgewählt, übersetzt und eingeleitet von Kurt Scharf, München 2005

Batmanghelidj, Fereydoon: Water for health, for healing, for life. You're not sick, you're thirsty, New York 2003

Schmidt, Heinrich; Schischkoff, Georgi: Philosophisches Wörterbuch, Kröners Taschenausgabe, 21. Auflage, Stuttgart 1982

Serres, Michel: Der Naturvertrag, Frankfurt am Main 2015

Gleich, Arnim von: Bionik. Ökologische Technik nach dem Vorbild der Natur, Stuttgart 1998

Nachtigall, Werner: Grundlagen und Beispiele für Ingenieure und Naturwissenschaftler, Berlin 1998

Nachtigall, Werner; Büchel, Kurt G.: Das große Buch der Bionik. Neue Technologien nach dem Vorbild der Natur, München 2000

Rechenberg, Ingo: Evolutionsstrategie '94. Werkstatt Bionik und Evolutionstechnik, Bd. 1, Stuttgart 1994

World Wide Fund for Nature: Bionik – Patente der Natur, München 1991

World Wide Fund for Nature: Bionik – Patente der Natur, München 1993

Belzer, Sigrid: Die genialsten Erfindungen der Natur. Bionik für Kinder, 6. Auflage, Frankfurt am Main 2017

Anderson, Philippe W.: More is different, Science, New Series, Vol. 177, No. 4047 (Aug. 4, 1972), S. 393–396

Jonas, Hans: Das Prinzip Verantwortung. Versuch einer Ethik für die technologische Zivilisation, Frankfurt am Main 2003

Dörner, Dietrich: Die Logik des Misslingens. Strategisches Denken in komplexen Situationen, Hamburg 1992

Nowak, Martin A.; Highfield, Roger: Kooperative Intelligenz. Das Erfolgsgeheimnis der Evolution, München 2013

Epilog

Sen, Amartya: Die Identitätsfalle. Warum es keinen Krieg der Kulturen gibt, München 2007

Kröher, Michael: Der Club der Nobelpreisträger. Wie im Harnack-Haus das 20. Jahrhundert neu erfunden wurde, München 2017

Weiterführende Literatur

Bellaigue, Christopher de: Die islamische Aufklärung. Der Konflikt zwischen Glaube und Vernunft, Frankfurt am Main 2018

Brockmann, Dirk: Im Wald vor lauter Bäumen. Unsere komplexe Welt besser verstehen, München 2021

Capra, Fritjof: Die Capra-Synthese. Grundlegende Texte des führenden Interpreten ganzheitlichen Forschens und Denkens, Bern, München, Wien 1998

Capra, Fritjof: Lebensnetz. Ein neues Verständnis der lebendigen Welt, Bern, München, Wien 1996

Capra, Fritjof: Verborgene Zusammenhänge. Vernetzt denken und handeln – in Wirtschaft, Politik, Wissenschaft und Gesellschaft, Bern, München, Wien 2002

Dawkins, Richard: Geschichten vom Ursprung des Lebens: Eine Zeitreise auf Darwins Spuren, Berlin 2008

Dawkins, Richard: Die Poesie der Naturwissenschaft. Autobiographie, Berlin 2016

Dedié, Günther: Die Kraft der Naturgesetze. Emergenz und kollektive Fähigkeiten von den Elementarteilchen bis zur menschlichen Gesellschaft, Hamburg 2015

Dixson-Declève, Sandrine; Gaffney, Owen; Ghosh, Jayati u. a. Earth for All. Ein Survivalguide für unseren Planeten. Der neue Bericht an den Club of Rome, 50 Jahre nach „Die Grenzen des Wachstums", München 2022

Dürr, Hans-Peter: Respekt vor der Natur, Verantwortung für die Natur, München 1994

Dürr, Hans-Peter: Warum es ums Ganze geht. Neues Denken für eine Welt im Umbruch, 3. Auflage, München 2010

Eddington, Arthur S.: Das Weltbild der Physik und ein Versuch seiner philosophischen Deutung. The nature of the physical world, Braunschweig 1931

Fischer, Ernst P.: Das große Buch der Evolution, 2. Auflage, Köln 2008

Fischer, Ernst P.: Das wichtigste Wissen: Vom Urknall bis heute, Beck'sche Reihe, München 2020

Fischer, Ernst P.: Verbotenes Wissen. Geschichte einer Unterdrückung, Berlin 2019

Fischer, Ernst P.: Das wichtigste Wissen. Vom Urknall bis heute, München 2020

Gardner, Howard: Five minds for the future, Boston/Massachusetts 2006

Gardner, Howard: Die Zukunft der Vorbilder, Stuttgart 1997

Goodwin, Brian: Der Leopard, der seine Flecken verliert. Evolution und Komplexität, München 1997

Green, John: Wie hat Ihnen das Anthropozän bis jetzt gefallen? Notizen zum Leben auf der Erde, München 2021

Haan, Gerhard de u. a. Nachhaltigkeit und Gerechtigkeit, Heidelberg 2008

Haan, Gerhard de; Jungk, Dieter; Kutt, Konrad u. a.: Umweltbildung als Innovation. Bilanzierungen und Empfehlungen zu Modellversuchen und Forschungsvorhaben, Heidelberg 1997

Haustein, Mike: Clemens Winkler. Chemie war sein Leben, Frankfurt am Main 2004

Hawking, Stephen: Kurze Antworten auf große Fragen, Stuttgart 2018

Hentig, Hartmut von: Bildung, Weinheim, Basel 1999

Hinkelammert, Franz J.: Kultur der Hoffnung. Für eine Gesellschaft ohne Ausgrenzung und Naturzerstörung, Mainz 1999

Hoffmann, Hans-Erland; Schoper, Yvonne G.; Fitzsimons, Conor J.: Internationales Projektmanagement. Interkulturelle Zusammenarbeit in der Praxis, München 2004

Hösle, Vittorio: Philosophie der ökologischen Krise. Moskauer Vorträge, München 1991

Kuhn, Thomas S.: Die Struktur wissenschaftlicher Revolutionen, Frankfurt am Main 2012

Küppers, E. W. Udo: Systemische Bionik. Impulse für eine nachhaltige gesellschaftliche Weiterentwicklung, Wiesbaden 2015

Monod, Jacques: Zufall und Notwendigkeit. Philosophische Fragen der modernen Biologie, 3. Auflage, München 1977

Pommer, Benjamin: Menschenrechte als Basis eines Weltethos. Vorbehalte aus Afrika gegenüber dem Universalitätsanspruch der Menschenrechte. Examensarbeit, Norderstedt 2010

Salzmann, Juliane: Naturethik und Nachhaltigkeit. Studienarbeit, Norderstedt 2007

Sander, Johannes: Ursprung und Entwicklung des Lebens. Eine Einführung in die Paläobiologie, Berlin 2020

Schneidewind, Uwe: Die große Transformation. Eine Einführung in die Kunst gesellschaftlichen Wandels, Frankfurt am Main 2019

Schülein, Johann A.; Reitze, Simon: Wissenschaftstheorie für Einsteiger; Wien 2005

Sennett, Richard: Zusammenarbeit. Was unsere Gesellschaft zusammenhält, Berlin 2012

Trübsbach, Rainer: Geschichte der Stadt Bayreuth 1194–1994, Bayreuth 1993

Vester, Frederic: Die Kunst, vernetzt zu denken. Ideen und Werkzeuge für einen neuen Umgang mit Komplexität, München 1999

Weizsäcker, Ernst U. von; Lovins, Amory B., Lovins, L. Hunter: Faktor Vier. Doppelter Wohlstand – halbierter Naturverbrauch. Der neue Bericht an den Club of Rome, München 1996

Woltron, Klaus: Der Wald, die Bäume und dazwischen. Die Suche nach dem verlorenen Ganzen, Wien, München, Zürich 1992

Yüce, Nilgün; Plöger, Peter (Hrsg.): Die Vielfalt der Wechselwirkung, Freiburg 2003